西安石油大学优秀学术著作出版基金资助

光学传感器件的自组装方法与应用

岳莹　李飞　著

中国石化出版社
·北京·

图书在版编目(CIP)数据

光学传感器件的自组装方法与应用／岳莹，李飞著．北京：中国石化出版社，2025．8．－－ISBN 978－7－5114－7972－3

Ⅰ．TP212．14

中国国家版本馆 CIP 数据核字第 2025HW6417 号

中国石化出版社出版发行

地址：北京市东城区安定门外大街 58 号

邮编：100011　电话：(010)57512500

发行部电话：(010)57512575

http://www.sinopec-press.com

E-mail:press@sinopec.com

宝蕾元仁浩(天津)印刷有限公司印刷

全国各地新华书店经销

*

710 毫米×1000 毫米 16 开本 11.25 印张 178 千字

2025 年 9 月第 1 版　2025 年 9 月第 1 次印刷

定价：68.00 元

前　言

21世纪，高质量的光子器件是提高信息传输速率、增大传输带宽、扩大器件集成规模、降低能量损耗的物质基础。光学传感器件作为一种能够感知被测量信息并按一定规律将其转化为光信号的器件，具有灵敏度高、体积小、无源、可视化、抗电磁干扰等特点，在深空探测、国防装备、生物医学、地质勘探、食品安全等诸多领域有着广泛而重要的应用。

光学传感器的制造技术是决定器件性能与应用范围的核心要素。以高精度的回音壁模式微腔传感器为例，常规的制备方式是将光纤锥区加热至熔点，借助表面张力使熔融部分收缩，从而形成圆润的二氧化硅微球。虽然该方法操作简单、成本低，但控制难度高、尺寸随机性大，不利于大规模量产。而芯片级的回音壁模式微腔需要使用光刻机在波导材料上刻蚀圆环或圆盘等特定图案。光刻法往往控制精度高，可以在单个光学芯片中集成多种类型的光波导器件，但技术门槛高、设备昂贵、制造周期长。当前，我国面临着先进光子器件及其高端制造设备的国际限制，以回音壁模式微腔为代表的各类型光学器件的供需矛盾愈加突出，影响着激光、传感、通信等诸多基础学科的发展和前沿技术的落地。因此，国内外对推进光子器件多种形式制造技术发展有着迫切需求。

自组装是一种能够在由无序的基本单元所组成的体系中自发形成有序结构或图案的新一代加工技术。自组装技术可以像“搭积木”一样，利用非共价作用力将纳米颗粒搭建成周期有序的结构，为光学器件的研制与结构优化提供了发展新方向。为了全面、系统地总结纳米颗粒自组装技术在光学器件（特别是光学传感器件）领域的应用与发展，同时也为我国未来基础光物理与光信息技术进步提供多方位建议，笔者收集并整理了国内外相关参考文献资料，并结合自己近10年的研究工作，编成此书。在此对引用的参考文献一并表示感谢。

全书共分七章，岳莹负责第一～六章的撰写，李飞负责第七章的撰写。全书章节的具体安排如下：第一章介绍了纳米颗粒的自组装基础，通过构建自组装微观结构模型，明确了自组装光学器件的特征参数；第二章详细阐述了自组装微球谐振腔的光传输与耦合特性，为WGM微腔在传感领域的应用奠定了理论研究基础；第三～五章分别围绕自组装微球实现了光学氢气传感、二氧化碳传感和抗体检测研究，其传感原理均利用了自组装器件所特有的纳米孔隙结构和比表面积大的特点，增强了被测目标对于信号的调制效率，从而完成了光波对气体或抗体的高灵敏度、特异性检测；第六章探索了基于自组装SAM微腔的发光器件的研制，最终实现了可见光波段低阈值的多纵模激光输出；第七章提出了一种基于自组装微球的光子纳米射流技术，利用自组装器件折射率低、形状易于调控的特点，实现了工作距离更远、衰减长度更长的光场能量分布，有利于传感信号的增强。

本书在出版过程中得到了西安石油大学优秀学术著作出版基金、“国家重点研发计划（2023YFC2810900）”、“陕西省自然科学基础研究计划（2024GX－YBXM－196）”、陕西高校青年创新团队及西安石油大学创新团队的资助。在本书的编写过程中，参考了国内外许多学者、专家的相关论著、教材、论文及研究报告，得到了丁晖、乔学光、吕方兴、王若晖等老师的大力支持和帮助，得到了中国石化出版社领导和编辑的大力支持，在此一并表示感谢。

由于作者水平有限，尽管付出了巨大努力，书中仍难免存在不足之处，恳请各位读者批评指正。

目　　录

第一章　纳米颗粒的自组装基础

本章介绍了纳米颗粒自组装的内在机理和物理过程；分析了影响自组装器件形态的关键因素及影响规律；提出了基于纳米颗粒自组装技术的微球器件制备方法；构建了纳米颗粒自组装的微观结构模型，并详细描述了器件的孔径、等效折射率、比表面积、损耗等特征参数的计算方法；在此基础上，总结了自组装技术在制备光学器件方面的优势，形成了纳米颗粒自组装光学器件的理论与技术基础。

第一节　自组装技术的概述

自组装(self-assembly)是一种在由无序的基本结构单元所组成的系统里自发形成有序的结构或图案的物理过程。21 世纪，立足于纳米科学的发展，自组装技术成为开发新材料、研制新器件的革命性技术手段。2005 年，*Science*(《科学》)期刊在创刊 125 周年之际，提出了 21 世纪 125 个基础科学研究最具挑战的问题，关于自组装的"How far can we push chemical self-assembly?"位列其中 25 个最重大的科学问题之一。在国际上，美、德、日、韩等国都对自组装技术极为重视，甚至成立了国家级的科研中心，如德国 Max Planck 胶体与界面研究所、韩国国家多维定向纳米组装创新研究中心等，对自组装技术开展理论和应用层面的深入研究。在我国，国家自然科学基金委员会在"十一五"期间组织化学、物理、数学、材料、生物、医学与信息等领域的科学家充分讨论和酝酿，提出了"可控自组装体系及其功能化"这一多学科交叉的重大研究计划项目，并规划了我国在自组装技术方面的研究布局，如图 1－1 所示。

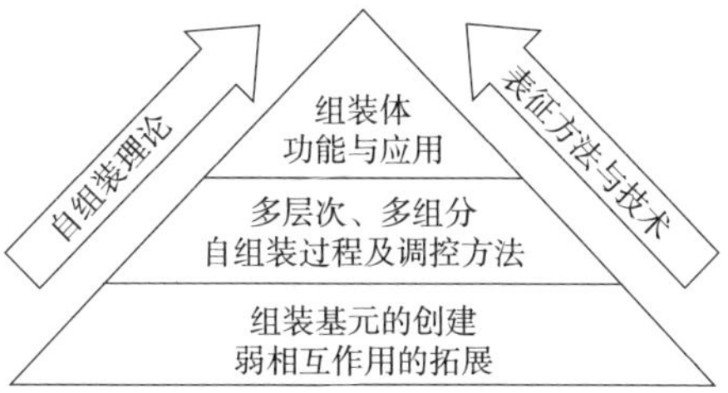

图 1－1　自组装技术的研究布局

根据国家技术需求和科技战略布局，近年来，我国在以理论研究为指导、以表征方法和技术为支撑，揭示自组装过程的本质和规律；发展各种新颖的功能组装基元，建立多层次多组分的可控自组装新方法；发展功能导向的自组装新体系、新技术，实现功能材料的源头创新，为材料、生物和信息技术提供物质支撑与理论指导等方面取得了系列研究成果。

自组装是指构筑基元(如有机小分子、大分子、生物分子和纳米颗粒等)在非共价作用下自发形成有序结构的现象和过程。作为一种典型的“自下而上”的制备技术，自组装具有以下主要特点：①自发性，自组装是熵驱动的过程，无须外力介入和人为干预；②有序性，自组装可以产生有序的密堆积结构，保证了系统具有较低的自由能，并形成能量势垒使自组装过程不可逆；③可扩展性，自组装是一个并行的过程，同一时间液相体系中各处都在发生组装；④成本低，自组装技术无须复杂的加工过程和昂贵的加工设备。基于以上优势，自组装技术在各行各业都有着非常可观的应用前景，特别是在光学领域，自组装技术已经发展成光子器件制备技术的全新方向之一。

自组装技术依据基本单元的尺度，主要分为分子自组装和纳米颗粒自组装。分子自组装的过程与化学结晶类似，其产物往往具有致密性。而纳米颗粒自组装技术不仅保留了基本结构单元的特性，如表面效应、体积效应、量子效应等，还衍生出新的效应，如光子带隙、量子耦合和协同效应等，引起了国内外学者的广泛关注与重视。2001 年美国 NEC 研究机构的 YA Vlasov 等人于 *Nature*(《自然》)首次发表了纳米颗粒自组装三维光子晶体材料的研究成果，引发了纳米颗粒自组装技术在光学领域的应用热潮，该材料的微观结构如图 1－2(a)所示，由于具备人造周期性电介质结构，某一频率范围的光波不能在此结构中传播，即存在“禁带”，故而该材料具有典型的光子带隙特征，成为一种全新的光子晶体材料。2012 年，悉尼大学交叉学科光子实验室 J Canning 利用粒径远小于可见光波长的纳米颗粒进行器件自组装，并结合“咖啡环”效应制备得到了长度约为 30mm 的新型微纳米光波导器件，如图 1－2(b)所示，相关研究成果刊发于 *Nature Communication*(《自然通讯》)中。然而到目前为止，将纳米颗粒自组装技术应用于光学器件制造方面的研究仍处于初级探索期，具体表现在器件结构过于单一且相关应用案例有限，需要关键制备技术的进一步突破。

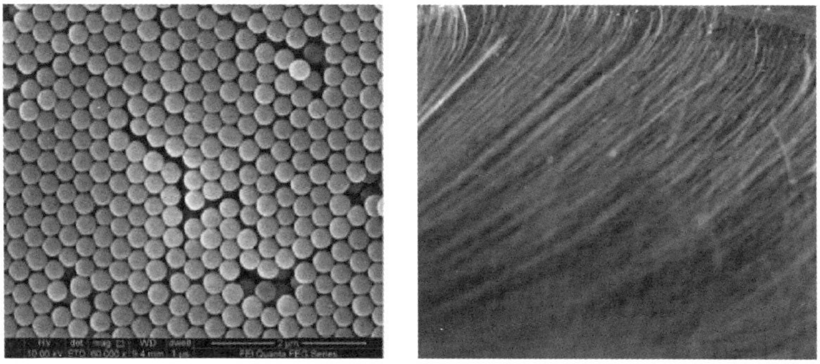

(a)自组装光子晶体　　(b)自组装光波导

图1－2　典型的自组装光学器件

第二节　纳米颗粒的自组装机理

自组装过程可以等效视作一种物理堆积过程，因此选用纳米直径的颗粒将有利于光学微纳结构的实现。纳米颗粒自组装机理的研究包括三个重点：纳米颗粒在自组装过程中的相互作用能、液态分散体系对自组装过程的物理作用以及分散剂蒸发诱导纳米颗粒自组装的物理过程。

一、纳米颗粒在自组装过程中的相互作用能

纳米颗粒之间的相互作用能是驱动它们彼此自组装形成一个结构整体的根木原因，主要包括静电排斥能和范德华吸引能。

(一)静电排斥能

带有电荷的纳米颗粒表面可以细化分解为双层结构：其内层为纳米颗粒材料本身构成的内部吸引层，其外层是具有电荷分布的外部扩散层，电荷对外部空间的影响遵从玻尔兹曼分布。根据 Verway 和 Overbeek 提出的胶体稳定理论，相同大小的纳米颗粒之间的静电作用能 E_r 表示为：

$$E_r = \frac{16\varepsilon\phi k^2 T^2 \gamma^2}{C^2 z^2} e^{-\kappa^{-1}\chi} \tag{1-1}$$

式中，ε 为介电常数；ϕ 为粒径；k 为玻尔兹曼常数；T 为温度；C 为物质的量浓度；z 为纳米颗粒的电荷数；κ 为双层结构的厚度；χ 为纳米颗粒的间距；γ 为球

体的表面电势常数，其表达式为：

$$\gamma = \frac{e^{ze\varphi_0/2kT} - 1}{e^{ze\varphi_0/2kT} + 1} \tag{1-2}$$

式中，e 为电子的电荷量；φ_0 为纳米颗粒的表面能。

在同一个分散体系中，若纳米颗粒仅包含一种材料，且粒径完全一致，则每一个纳米颗粒都带有同种电荷，此时 E_r 取值为正，表示纳米颗粒之间因带电量相同而彼此排斥。式(1-1)说明：随着带有电荷的两个纳米颗粒的距离不断靠近，其静电排斥能将呈指数函数递增，并且纳米颗粒表面的电势能越大，它们之间的静电排斥能越强。

(二)范德华吸引能

范德华力也被称作分子作用力，由材料的极性决定，是提供吸引作用的一种长程力。范德华力在水中不会减弱，它是纳米颗粒构建稳定自组装结构的最主要因素。范德华吸引能是颗粒中分子或原子的能量总和，因而可以表示为两个纳米颗粒体积 V_1 和 V_2 的积分：

$$E_a = -\frac{{\rho_m}^2\beta}{2\chi^6}\iint dV_1 dV_2 \tag{1-3}$$

式中，ρ_m 为单位体积内包含的分子或原子的个数；χ 为纳米颗粒的间距；β 为范德华力的作用系数。

式(1-3)中规定 E_a 的取值始终为负数，意在说明纳米颗粒在范德华力作用下始终相互吸引。对于两个完全相同的纳米颗粒且粒径 $\phi \gg \chi$ 时，范德华吸引能 E_a 的近似表达式为：

$$E_a = -\frac{A\phi}{24\chi} \tag{1-4}$$

式中，A 为 Hamaker 常数，取值为 $A = (\pi\rho)^2\beta$。

式(1-4)说明两个纳米颗粒的间距越小，它们之间的范德华吸引能 $|E_a|$ 越大。

(三)纳米颗粒的总相互作用能

在分散体系中，纳米颗粒之间的总相互作用能 E 可以表示为静电排斥能和范德华吸引能之和，见式(1-5)：

$$E = E_a + E_r \tag{1-5}$$

若 E 取值为正，则纳米颗粒之间相互排斥；反之，若 E 取值为负，则纳米颗粒之间相互吸引。两个带电量相同的纳米颗粒之间的总相互作用能随距离的变化规律如图 1－3 所示，其中，E_1 和 E_2 分别代表了在高静电排斥能 E_{r1} 和低静电排斥能 E_{r2} 情况下，两个相同的纳米颗粒之间的总相互作用能。

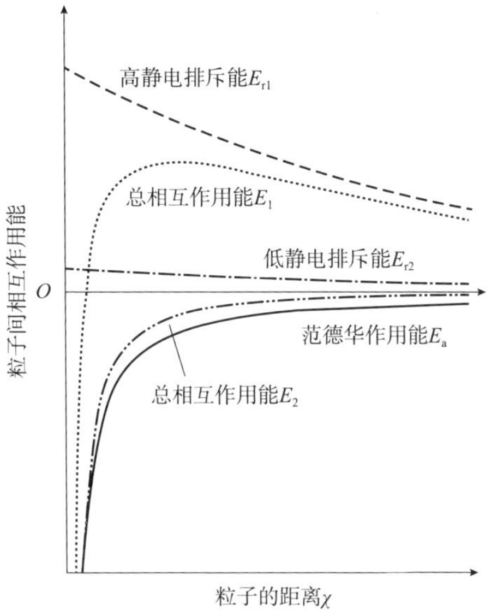

图 1－3　纳米颗粒之间的相互作用能随距离变化的规律

由图 1－3 可知：对于相距极远的一对带电颗粒，由于静电排斥能和范德华吸引能的作用范围有限，它们之间无净吸引或排斥；随着距离不断减小，带电量小的一对纳米颗粒受到范德华吸引能的作用而始终相互吸引，如 E_2 曲线所示，此时在纳米颗粒分散体系中，容易发生不受控的聚合现象；而带电量大的一对纳米颗粒随着距离减小，将经历“不受力－相互排斥－相互吸引”过程，如 E_1 曲线所示。在这一类型的分散体系中，纳米颗粒之间若要实现聚集须跨越能量势垒，因此该分散体系在自组装过程前能够保持长期稳定。

二、液态分散体系对自组装过程的物理作用

引入液体介质和表面电荷是调节颗粒之间相互作用，以防止发生不受控聚合现象的关键，这对于自组装过程至关重要。以下对液态分散体系在自组装过程中的具体作用方式进行说明。

（一）液体介质提供稳定的分散环境

水是最常用的液体分散剂之一。由于水分子是一种极性分子，可以使氧化物纳米颗粒表面形成大量羟基，因此能够产生较高的亲水性，有助于保证纳米颗粒在水中具有较高的分散度。以二氧化硅纳米颗粒为例，这是一种最常用的光学和半导体材料，它在水中会发生表面水解反应和电离反应：

$$SiO_2 + H_2O = H_2SiO_3$$

$$H_2SiO_3 = HSiO_3^- + H^+$$

通过上述反应所生成的 $HSiO_3^-$ 使二氧化硅纳米颗粒在水分散液中表面带负电，导致纳米颗粒之间彼此排斥。此外，水溶液也为电解质提供了基本的电离环境，进而产生大量 OH^-。纳米颗粒表面的 Si 原子由于趋于构成完整的四面配位，极易与 OH^-结合，增大表面电势，再度增强了纳米颗粒之间的排斥作用。以上作用保证了纳米颗粒在自组装之前相对稳定，不会发生聚集和沉淀。

水分子是一种极性分子，它的两个正电荷指向同一个方向，氧中两个负电荷指向相反的方向。正向极化的氢原子与相邻原子的负电荷（如水分子中反向极化的氧）之间具有强相互作用，进而形成氢键。氢键通常是在水和其他包含 O、N、F、Cl 等带负电的分子间形成的，它可以在分子内形成，也可以在分子间形成，因此氢键对于纳米颗粒在水中的稳定分散与逐步自组装也具有积极的作用。

（二）液体介质作为能量释放的通道

本书所讨论的纳米颗粒其直径通常在 10～500nm 范围内，这一研究对象具有体积小、热运动显著的内禀属性。热运动从一定程度上保证了分散体系内的纳米颗粒在到达最终的位置之前，理论上允许尝试所有的随机组合，这正是自组装结构在理论上能够以最低自由能排布的根本原因。当纳米颗粒到达最低自由能态时，它将与邻近的纳米颗粒彼此连接并通过溶液的蒸发释放抗衡粒子静电斥力和自由扩散的多余能量。因此自组装前后，分散体系的总能量减小，这部分能量会伴随着分散剂的蒸发释放到分散体系之外。

总之，纳米颗粒所处的液态分散体系为纳米颗粒之间自组装提供了稳定的分散环境和能量释放的通道，是纳米颗粒自组装过程稳定、结构有序的基础。

三、分散剂蒸发诱导纳米颗粒自组装的物理过程

分散剂的蒸发能够有效地缩短纳米颗粒之间的距离，因此蒸发过程是驱动纳

米颗粒自组装的一种常用办法。纳米颗粒自组装物理过程包括纳米颗粒自组装起点的确定、纳米颗粒由外向内逐层自组装，以及纳米颗粒自组装结构形成三个阶段。具有三维形态的自组装器件在结构形成阶段中，还包含器件内外气压平衡的过程。

（一）纳米颗粒自组装起点的确定

根据图 1－3 可知，在总相互作用能较高的液相体系中，当纳米颗粒的间距缩小到一定范围后，颗粒之间从相互排斥转化为相互吸引，并受吸引力作用而彼此不断靠近。在液相体系中，纳米颗粒的初始间距由分散液的浓度决定，因此纳米颗粒自组装的起始位置将位于液相体系中浓度最高的区域。具体而言，当某一区域的浓度达到一定数值后，纳米颗粒将跨过能量势垒开始相互吸引，这一浓度被称作临界胶束浓度。在液相分散体系中，受稳定的蒸发环境作用，水分子在液体表面各处蒸发速率相等，因此达到临界胶束浓度的区域位置取决于液体的表观形状。例如，当纳米颗粒分散液以极高的浸润性和极大的面积与基底相接触时，液相体系表现出液体薄膜的形状，其三相交界线（气相－液相－固相）处由于厚度最小，将率先达到临界胶束浓度，此时三相交界线是纳米颗粒自组装的起点，如图 1－4（a）所示，这一现象也被称作“咖啡环”效应（Coffee Ring Effect）。与之相反，若纳米颗粒分散液以极低的浸润性和极小的面积与基底接触，在表面张力的作用下表现出球形时，其半径与高度受分散剂蒸发的作用不断收缩，液滴表面各处达到临界胶束浓度的概率相等，此时表面各处均是纳米颗粒自组装的起点，如图 1－4（b）所示。而对于形状介于薄膜和微球之间的液滴，它在蒸发过程中同时面临三相交界线的收缩和半径的下降，这两种作用相互竞争，共同决定了纳米颗粒的自组装起点。

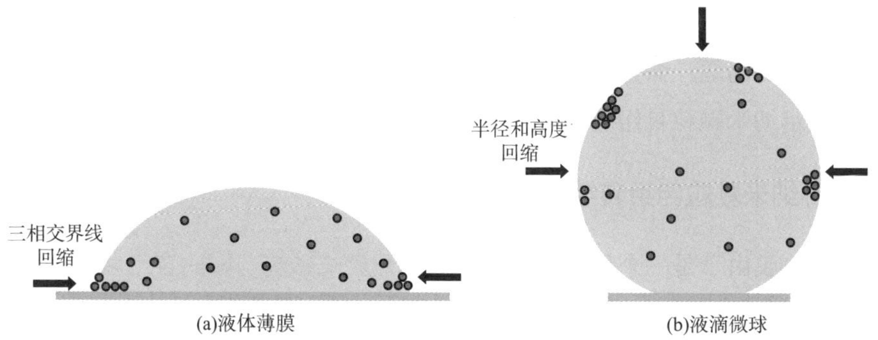

图 1－4　纳米颗粒自组装的起点

(二)纳米颗粒由外向内逐层自组装

纳米颗粒在自组装的起点受范德华力、氢键等作用而彼此连接形成紧密的单层排列结构。这一单层结构内部由纳米颗粒组成，颗粒之间保留了均匀分布的孔隙通道，允许液相体系内部的水分子继续向外界蒸发。之后，内部游离的纳米颗粒在液体对流与蒸发的驱动下，将于最外层自组装结构内部形成次外层，这一作用将不断地重复，驱动自组装行为由外向内有序地发展至液滴最中心，如图 1－5 所示，直到所有的纳米颗粒均参与自组装为止。在这一逐层自组装的过程中，纳米颗粒的自由能态将不断降低，受能量势垒的限制，自组装过程不可逆。

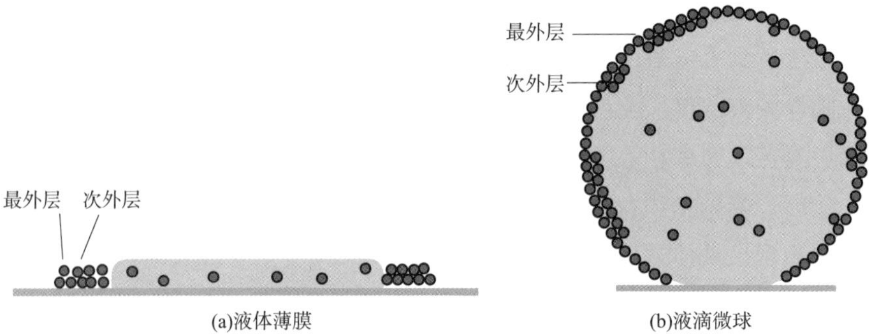

图 1－5　由外向内逐层自组装过程

对于表观形状不同的液滴，由于其内部的浓度梯度分布不同，逐层自组装的路径也不一样。具体而言，在液体薄膜形态中，自组装从三相交界线开始逐步向液滴中心发展，最终形成二维固体薄膜结构。由于内部应力不断累积且自组装结构与基底的收缩系数失配，最终薄膜会产生部分开裂，形成沿径向分布的纤维丝状结构，出现如图 1－2(b)所示的自组装结果。而在液滴微球形态中，自组装从液滴表面开始向球心发展，最终将形成三维球体结构，这一结构与空气不存在收缩系数失配的问题，保证了结构的完整性。通过上述分析可见，液相体系的表观形状是决定纳米颗粒自组装结构几何形态的关键因素。

(三)纳米颗粒自组装结构形成

液体薄膜由于是一个始终与空气连通的开放式系统，因此自组装过程中内外气压始终保持平衡，能够产生如图 1－6 所示的单层自组装结构。而球形液滴中，当所有游离的纳米颗粒完成自组装后，球壳内部可能会残存一部分分散剂，这些分散剂随着蒸发作用穿越纳米颗粒之间的孔隙逃逸至球壳外，伴随着空气进入球壳，占据液体所在的区域，最终将形成一个空心的微球。空心区域的大小受纳米颗粒分散液内部浓度分布的影响。当微球表面达到临界胶束浓度时，若内部分散液的浓度也接近临界胶束浓度，则可以制备得到一个实心的自组装微球；反之，当微球表面达到临界胶束浓度时，若分散液滴内部浓度低于临界胶束浓度，则将会形成一个空心的自组装微球。

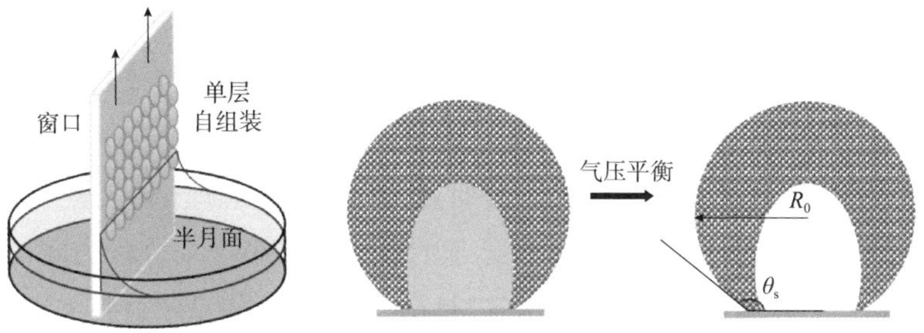

图1－6　自组装结构内外气压平衡的过程

通过研究纳米颗粒的自组装机理，可以得到以下结论：

(1)纳米颗粒受范德华力的作用将最终彼此结合形成一个自组装整体。

(2)液态分散体系是纳米颗粒稳定、有序自组装并达到最低自由能态的前提。

(3)液相体系的表观形状是决定自组装产物几何形态的关键。

第三节　自组装微球器件形态参数的调控方法

本书将以微球形结构为主，对光学器件的自组装方法与应用进行系统性的论述。这一器件的优势在于：首先，微球能够支持光波在其赤道面形成回音壁模式谐振，谐振效应在光学精密测量与微型激光器研制方面具有非常重要的应用价值；其次，微球能够利用其光滑的表面对正入射光波形成二次反射，有助于构建光学 F-P 干涉仪，实现微量物质的传感与检测；最后，微球能够作为一种为透镜器件实现光场的聚焦与调控，对于建立光子纳米射流效应，探索突破光学衍射极限的新方法具有重要意义。

自组装微球的主要形态参数有界面夹角 θ_s 和半径 R_0 两项，分别代表了自组装器件的形状和尺寸。其中，界面夹角 θ_s 是沿自组装微球表面的切线与微球－基底交界面所形成夹角，如图1－6所示。假设将自组装微球作为一种新型光学谐振腔，需要满足以下条件：①该微球与基底的界面夹角 θ_s 须大于 90°以保证回音壁模式光波在微球表面有完整的传输轨道；②需要将该微球的直径变化范围主要控制在 50 ~ 300μm 内，以保证回音壁模式的传输光谱满足实际传感应用所需。以下将详细介绍自组装微球制备条件，包括基底材料的表面自由能、分散液的浓度和液滴的容积三项关键因素对于自组装微球形态的影响规律。

一、基底的表面自由能对自组装微球形态的影响规律

通过上文的论述可知，获得自组装微球的第一步是产生一个球形的液滴，其中的关键在于改变基底的表面自由能，保证液滴在基底上成为一个球形。表面自由能调控是界面物理和界面化学的重要研究方向。在浸润理论中，若界面材料具有很高的表面自由能，这一界面对水分子的吸引力将小于水分子之间的内聚力，材料极难被水湿润，此种材料即为疏水材料；反之，则为亲水材料。

无论是亲水材料还是疏水材料，液体在其表面都存在三相交界线，即气相、液相、固相的交界线。在三相交界线处，沿水滴表面的切线与固液界面所形成夹角 θ 被称为接触角(contact angle)，取值范围在 0° ~ 180°，θ 角的大小表征了材料的亲疏水特性，是描述表面自由能的一项重要指标。通常将 θ 角小于 90°的材料称为亲水材料，将 θ 角大于 90°的材料称为疏水材料，如图 1 - 7 所示。接触角通常由液体和固体材料的表面张力决定，满足 Young(杨)氏方程：

$$\cos\theta = \frac{\gamma_s - \gamma_{sl}}{\gamma_l} \tag{1-6}$$

式中，γ_s 为固体在气体中的表面张力；γ_l 为液体在气体中的表面张力；γ_{sl} 为固体与液体的界面张力。

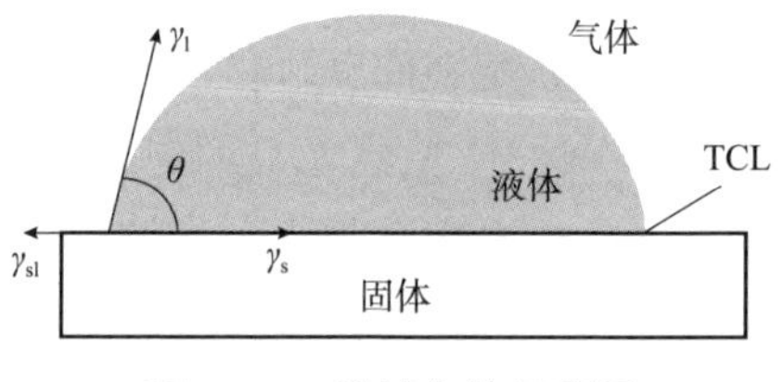

图 1 - 7　接触角的示意图

根据式(1 - 6)可知，液体的表面张力越大或固体的表面张力越小，接触角 θ 越大，疏水性越好。

当接触角 θ > 150°时，这样的材料称为超疏水材料。由于超疏水现象常见于

荷叶表面，因此也被称作荷叶效应。荷叶效应产生的原因不仅在于荷叶表面存在一种难以被水浸润的植物蜡材料，更在于荷叶具有微纳米量级的粗糙结构，能够截留空气形成一种气－固复合材料并托起液滴，实现 Cassie-Baxter 态，进而提高界面的自由能。仿照荷叶特有的微纳结构，人们发明了仿生超疏水涂层，该涂层由乳突状的纳米结构组成。根据卡西定则(Cassie's law)，这种纳米级粗糙的表面可以视作由空气和乳突结构组成的一种复合材料。其中，纳米乳突结构的特征尺寸越小或者空气在复合材料中的体积占比越大时，接触角就越大。Cassie-Baxter 方程将空气和乳突结构对复合材料表观接触角 θ 的影响规律表示为：

$$\cos\theta = f_1\cos\theta_1 + f_2\cos\theta_2 \tag{1-7}$$

式中，θ_1 为乳突材料的本征接触角；θ_2 为空气的本征接触角，$\theta_2 \approx 180°$；f_1 为乳突材料的体积填充比；f_2 为空气的体积填充比。式(1－7)说明空气的体积占比高且乳突材料的本征接触角大的复合材料有更大的表观接触角，此类材料有利于液滴在其表面呈现更接近球形的几何轮廓，如图 1－8 所示。

图 1－8　纳米乳突结构的超疏水特性

从上述分析可知，高表面自由能的超疏水涂层是液相体系以球形存在的前提条件，因此制备微球的基底材料的表面自由能是影响自组装微球形态的第一关键因素。

二、分散液浓度对自组装微球形态的影响规律

纳米颗粒分散液的浓度决定了液滴表面达到临界胶束浓度时蒸发损失的体积，进而能够影响最终形成自组装微球的形态。通过纳米颗粒自组装的物理过程可知，一旦液相体系的表面达到临界胶束浓度，纳米颗粒就在液体表面开始自组装，此后自组装微球的形态和半径不再发生变化。因此，浓度越低的分散液，其达到临界胶束浓度时，半径的收缩与高度的下降程度越大。由于分散剂无法向固体界面方向蒸发，液滴与固体的交界面在蒸发过程中将始终保持不变。液滴形态随分散剂蒸发的演化过程如图 1－9 所示，伴随着分散剂的不断蒸发，原本在基底表面呈球形的液滴向下坍缩，由于锚定效应的作用，液滴与基底的接触面保持原状，而接触角 θ 和半径 R 两个特征参数不断减小，液滴也从类球形向半球形甚至球盖形不断演变。

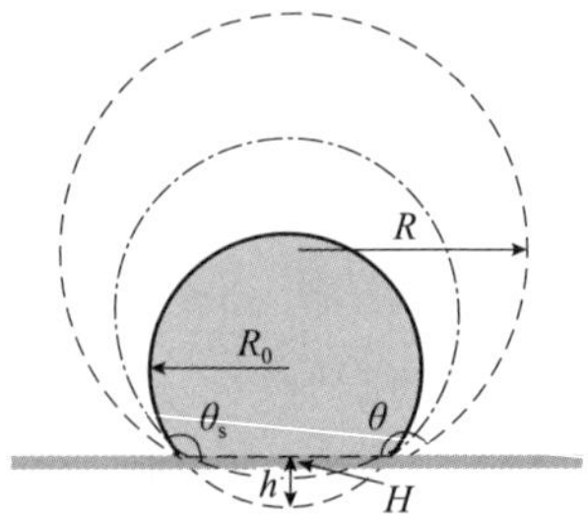

图 1-9　液滴形态随分散剂蒸发的演化过程

液滴的变化规律可以通过理论计算加以分析。如图 1-9 所示，下面将根据球盖公式建立疏水基底表面球形液滴的初始体积 V 的表达式。

$$V = \frac{4}{3}\pi R^3 - \frac{\pi}{3}H^2(3R - H) \tag{1-8}$$

式中，R 为液滴的初始半径；H 为球体缺失部分的高度。

$$H = R[1 - \sin(\theta - 90°)] = R \cdot Y(\theta) \tag{1-9}$$

式中，θ 为液滴在疏水涂层上的表观接触角，当疏水材料确定后，这一参数可视作常量，因此 $Y(\theta)$ 也是一个常量。联立式(1-8)和式(1-9)，则液滴的初始半径 R 可以表示为：

$$R = \sqrt[3]{\frac{3V}{\pi[4 - 3Y^2(\theta) + Y^3(\theta)]}} \tag{1-10}$$

根据物质守恒定律，液滴在达到临界胶束浓度 C_c 前后时，纳米颗粒的体积保持恒定，因此可以建立以下关系：

$$CV = C_c V_s \tag{1-11}$$

式中，C 为纳米颗粒分散液的初始浓度；V_s 为达到临界胶束浓度时液滴的体积。

由于分散剂蒸发前后液滴与疏水基底的交界面始终保持不变，因此有：

$$\cos(\theta - 90°)R = \cos(\theta_s - 90°)R_0 \tag{1-12}$$

联立式(1-11)与式(1-12)，可以得到自组装微球的界面夹角 θ_s 应满足：

$$\cos(\theta_s - 90°) = \cos(\theta - 90°) \times \sqrt[3]{\frac{C_c}{C}[4 - 3Y^2(\theta_s) + Y^3(\theta_s)]} \tag{1-13}$$

对于纳米颗粒分散液而言，C_c 是一个常量，因此自组装微球与基底的界面夹角 θ_s 仅为初始浓度 C 的函数。

在此，不失一般性地将超疏水基底的接触角 θ 规定为约 150°，与常见超疏水材料的指标一致。根据式(1-13)可以得到不同临界胶束浓度下，最终所形成的自组装微球的界面夹角与分散液浓度的关系，如图1－10所示。图1－10中，自组装微球的界面夹角 θ_s 与浓度 C 呈正相关。为了保证 θ_s 大于90°，在临界胶束浓度为50%时，分散液浓度应大于12.5%，而在临界胶束浓度为90%时，分散液浓度应大于22.7%。

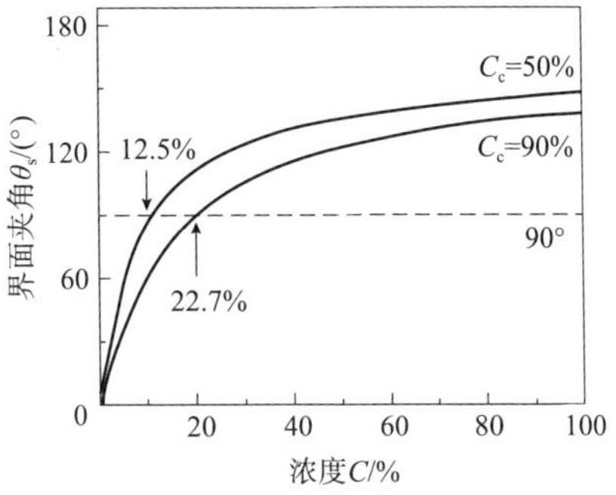

图1－10　界面夹角受浓度调控的规律

以上数学推导过程表明，浓度是影响自组装微球形态的第二关键因素。浓度越高 θ_s 越大，相应地，自组装微球的形状就越接近球形，其表面能够支持光学回音壁模式的传输轨道也就越多，与光纤耦合时需要满足的对准条件就越简单。因此，自组装微球制备过程中所使用分散液的浓度最小取值应保证 θ_s 大于90°，最大取值为临界胶束浓度。利用自组装技术制备的微球有极佳的形状可控性，只需在22.7%～C_c 范围内调整分散液浓度即可制备出具有不同界面夹角且满足光学回音壁模式传输要求的自组装微球三维光子器件。

三、分散液容积对自组装微球形态的影响规律

液滴的容积和浓度共同决定了纳米颗粒的总体积，因此在浓度一定的前提下，液滴的容积是影响自组装微球半径的关键因素。当液滴的浓度 C 为定值时，由式(1－13)可知 θ_s 为常数，自组装微球的几何形状得以确定。此时，自组装微球的半径 R_0 可以表示为：

$$R_0=\frac{\cos(\theta-90°)}{\cos(\theta_s-90°)}\sqrt[3]{\frac{3V}{\pi[4-3Y^2(\theta)+Y^3(\theta)]}} \quad (1-14)$$

该公式表明，自组装微球的半径仅为液滴初始容积 V 的函数，且与 V 呈正相关。可见，利用自组装方法制备的微球具有极佳的半径可控性，只需调整液滴容积即可精确控制自组装微球的尺寸。

要形成光学回音壁模式谐振，对微球器件的尺寸范围须做出明确的要求，原因如下：若微球直径过大，其所形成的谐振光谱的谱峰间距太小，则会导致波长解调过程中模式过多且检测范围受限的问题；若微球直径过小，虽然能够使谱峰间距变大，但微球曲率过高，容易造成光场能量泄漏，严重情况下还会导致回音壁模式谐振失效。以半径为100μm的自组装微球为例，制备这样的微球需要抽

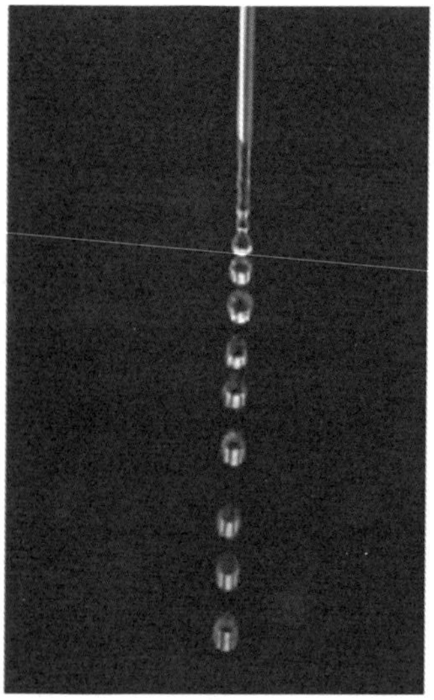

图 1－11 利用 Plateau-Rayleigh 不稳定过程获得微液滴

取容积为几十纳升的纳米颗粒分散液。由于该容积远小于常规微量进样器的使用范围（容积往往大于 0.5μL），定量抽取分散液的方法并不适合如此微小液滴的产生。因此，本书采用了基于 Plateau-Rayleigh 不稳定过程的流体断裂自适应方法。Plateau-Rayleigh 不稳定过程描述了直径均匀的水柱在下落时，受局部表面张力的微扰，在管道出口处，水柱即开始出现半径呈正弦波动的现象，若扰动的振幅大于水柱的半径，水柱最终将发生均匀断裂。断裂后的水柱在液体表面张力的作用下缩聚成球形水滴以减小自身的表面自由能，利用高速相机拍摄这一过程，得到如图 1－11 所示的结果。由于正弦函数的周期固定，水柱断裂所形成的大量水滴具有直径一致的特点。

对水柱断裂的过程进行数学分析有助于准确控制液滴的尺寸参数。根据水柱缩聚成水滴前后体积不变的原则，建立方程：

$$\pi R_c^{\,2}L=\frac{4}{3}\pi R^3 \tag{1-15}$$

式中，R_c 为水柱的半径；R 为水滴的半径；L 为水柱的高度，由上式可得：

$$L=\frac{4R^3}{3R_c^{\,2}} \tag{1-16}$$

缩聚前后，水柱的表面积 A_c 和水滴的表面积 A_s 可以分别表示为：

$$A_c=2\pi R_cL+2\pi R_c^{\,2}\approx 2\pi R_cL \tag{1-17}$$

$$A_s=4\pi R^2 \tag{1-18}$$

根据缩聚条件，水柱受张力作用发生形状变化，变化后液滴的表面积必然小于原本水柱的表面积，即 $A_s<A_c$，结合式（1－15），可以推导出以下规律：

$$R>3R_c \tag{1-19}$$

因此，流体断裂自适应方法形成的水滴半径将大于水柱半径的 3 倍，具体数值由液体黏度、界面张力、温度梯度等因素共同决定。引入流体断裂自适应方法有利于提高自组装技术在微球制备方面的适用性和技术成熟度，从而达到精确调控自组装微球尺寸的目的。上述推导能够指导实验人员选择内径合适的流体通道完成对自组装微球半径的高效调控。

以上研究内容表明：

(1)基底表面自由能和分散液浓度对自组装微球的界面夹角 θ_s 具有决定性的作用，是保证自组装微球具有完整光学回音壁模式传输轨道的前提。

(2)分散液浓度和容积共同决定了自组装微球的半径 R_0，因此需要选用合适的液滴尺寸控制技术，以获得大量尺寸一致性好、容积为纳升量级的分散液滴。

第四节　纳米颗粒自组装微球的制备方法

本节将详述自组装微球的制备步骤，并验证纳米颗粒分散液的浓度和容积对自组装微球形态的影响规律，进而明确自组装微球在制备过程中的关键工艺参数与参数的最优选取范围。

一、自组装微球的制备工艺过程与结构表征

自组装微球的制备工艺过程主要包括自组装微球的材料准备、自组装微球制备条件的建立与表征，以及纳米颗粒自组装形成微球的过程与器件表征三个步骤。

(一)自组装微球的材料准备

由于自组装微球是一种光学器件，要求其工作在可见光到近红外波段，故选取二氧化硅(SiO_2)纳米颗粒作为基本单元。SiO_2 纳米颗粒通常采用 Stober 乳化法合成。为了保证自组装微球的表面粗糙度小、光学传输损耗低，纳米颗粒的粒径应选取远小于传输光的波长，以最大限度降低米氏散射效应，并避免形成光子晶体结构。为此，准备了 SiO_2 纳米颗粒分散液作为自组装试剂。该试剂由粒径为 20nm 的 SiO_2 球形颗粒以 40% 的浓度分散在水中，并添加微量的 OH^- 配制而成。OH^- 的添加有助于提高纳米颗粒在液相体系中的分散性。实验过程中使用的材料详见表 1－1。

表 1－1　实验使用材料和试剂来源

材料和试剂	来源
超疏水试剂 NC317	纳罗可品牌
20nm 粒径的 SiO_2 颗粒分散液	爱为科研品牌

续表

材料和试剂	来源
去离子水	华南高科品牌
玻璃基片 7101	帆船品牌
超细平口针头 34G	炫辉品牌

(二)自组装微球制备条件的建立与表征

自组装微球的制备条件包括超疏水基底的准备、分散剂浓度与容积的确定。

将超疏水试剂大面积滴涂在玻璃基片表面，通过自然沉积的方法形成超疏水涂层。利用扫描电子显微镜(SEM)和原子力显微镜(AFM)对超疏水涂层进行表征。

首先，利用扫描电子显微镜对该超疏水涂层进行表征，结果如图 1－12(a)所示，从中可以清晰分辨超疏水涂层所具备的纳米级乳突结构。

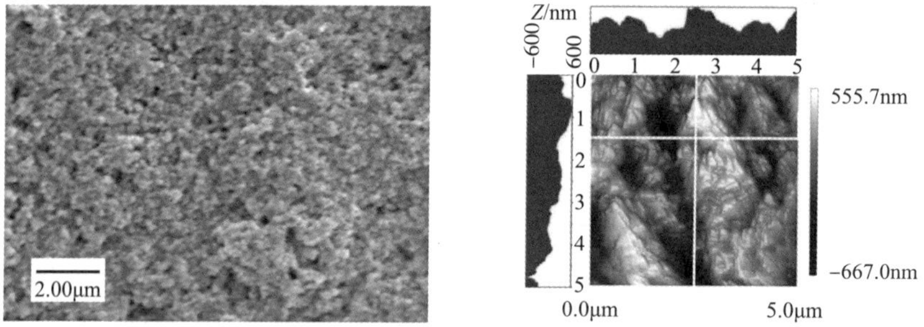

(a)SEM (b)AFM

图 1－12 超疏水涂层的表征

其次，利用原子力显微镜对其中 5μm × 5μm 的区域进行表征，结果如图 1－12(b)所示。该区域的平均粗糙度 R_a 约为 131nm。在这一区域内，任意截取了一条横向截面和一条纵向截面，截面的形貌特征如图 1－12(b)左侧与顶部所示。截面图说明在涂层的表面，空气具有很大的空间占比。根据卡西定则可知，纳米级的乳突结构和较大的空气占比是支撑超疏水现象的两个核心要素，因此本节制备的涂层受其结构特征作用具备超疏水现象的形成条件。

将蒸馏水滴落在该超疏水涂层上，液滴在表面张力的作用下呈现如图 1－13 所示的球形几何轮廓。利用数字显微镜及其嵌入式测量软件对液滴进行观测，得到该超疏水涂层的表观接触角 θ 约为 153°，说明这一涂层具有足够高的表面自由能，支撑水滴在其表面以类球形稳定存在。

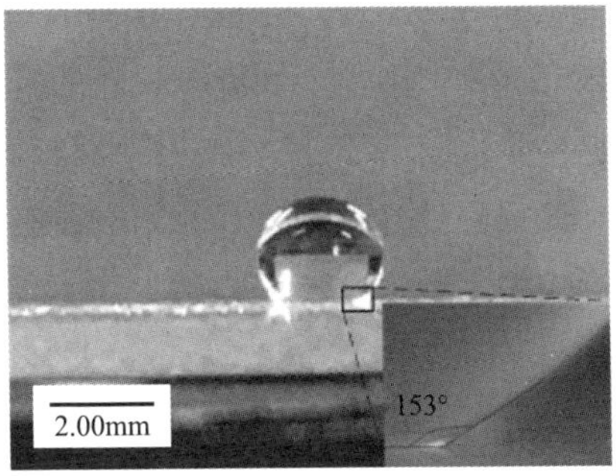

图1－13　超疏水涂层上的球形液滴与接触角

接触角的测量结果说明该超疏水基底能够满足球形回音壁模式光学微腔的制备条件。在此基础上，根据第三节第二部分的研究结果可知，为了保证自组装微球具有完整的光学回音壁模式传输轨道，分散液的浓度应大于22.7%，且浓度越高，液滴在自组装过程中形态的退化程度越少，最终自组装微球能够提供的传输轨道越多。于是本节选用40%浓度的 SiO_2 纳米颗粒分散液用于自组装微球的制备。此外，根据第三节第三部分的研究与分析可知，若要获得半径为100μm的自组装微球，须采用内径小于66μm的流体通道，使分散液在流出通道后经历断裂自适应过程，形成若干微液滴。因此，可以选用内径为60μm的超细平口针头用于微液滴的获得。

(三)纳米颗粒自组装形成微球的过程与器件表征

为1mL容积的针筒配备内径为60μm的针头，并吸取0.1mL浓度为40%的 SiO_2 纳米颗粒分散液。以5cm的间距向超疏水涂层快速喷涂，同时以近似50mm/s的速度在超疏水基底上方移动针筒，能够使涂层表面出现大量离散分布的液体微球。随着分散剂在常温常压条件下不断蒸发，每一个液体微球最终都将固化成为一个自组装微球，如图1－14所示。

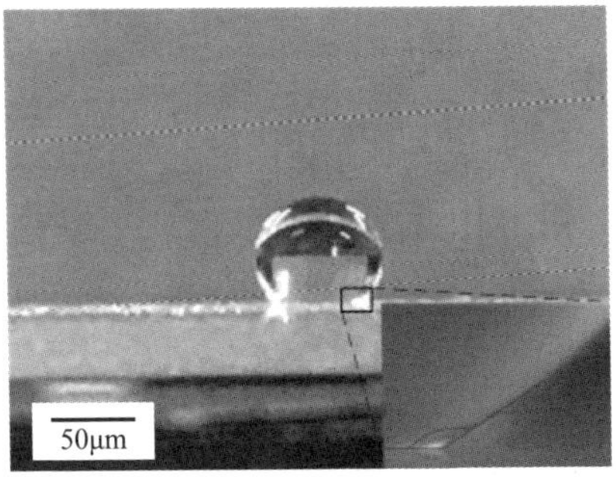

图1－14　通过自组装技术制备而成的自组装微球

利用原子力显微镜对该微球的表面进行测定得知，自组装微球的表面粗糙度 R_a 为0.874nm，这一参数远小于传输光波长，从而保证了光学回音壁模式传输具有较小的散射损耗，使自组装微球满足光波传输对于器件性能的要求。此外，自组装微球具有空心的结构特征，底部壁厚最小而腰区壁厚最大(约 53μm)。当自组装微球作为光学回音壁微腔应用时，由于回音壁模式的基模靠近自组装微球的表面传播，因此这一空心结构不会对基模的光传输特性产生影响。

利用数字显微镜记录球形液滴在不同时刻的动态自组装过程，如图 1－15 所示。自组装微球在常温常压下的自组装过程持续时间约为 30s，共经历了三个阶段：第一阶段，液滴的高度和直径随分散剂蒸发而下降，表面达到临界胶束浓度；第二阶段，SiO_2 纳米颗粒由外向内逐层自组装，由于自组装形成了固体球壳结构，液滴的高度和直径在这一过程中不再发生变化；第三阶段，自组装微球内部自下而上出现空心结构达到内外气压平衡。结果表明，显微镜真实记录的自组装过程与上述理论分析完全一致。需要特别说明的是，自组装过程的第二阶段与第三阶段同步发生，两者之间没有明显的时间界限。

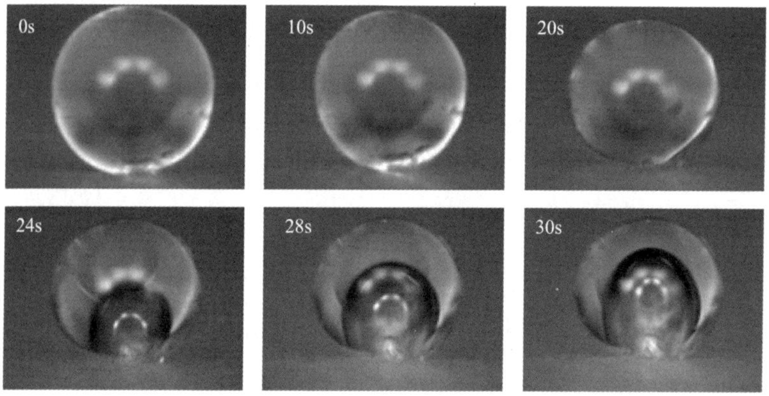

图 1－15　SiO_2 纳米颗粒自组装形成光学微球的过程

二、自组装工艺参数对自组装微球形态影响规律的验证

由于基底表面自由能的调控需要筛选不同的超疏水试剂，不利于制备过程的标准化，因此在之后的实验中统一采用同一种超疏水试剂，仅研究分散剂的浓度和液滴容积对自组装微球的界面夹角 θ_s 和半径 R_0 两个关键形态参数的影响规律，以此明确自组装微球的制备工艺参数的最优取值范围。

(一)浓度对自组装微球形态参数的影响规律

用去离子水稀释的方法，配制浓度分别为 5%、10%、20%、30%、40% 的

SiO_2 纳米颗粒分散液。将不同浓度的分散液分别取相同容积 0.1μL 制备自组装微球。利用数字显微镜对制备完成的自组装微球的界面夹角 θ_s 与半径 R_0 进行测量，统计结果如图 1－16 所示。图 1－16 中标注的数字是多次实验得到的标准差。经过分析得知：对于相同容积的纳米颗粒分散液滴，其浓度越小，自组装微球的界面夹角越小，同时半径也越小，与理论推导一致。

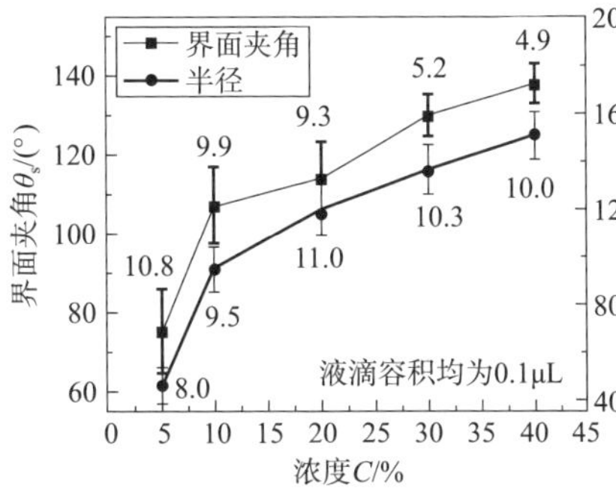

图 1－16　自组装微球的形态参数与试剂浓度的关系

与此同时，当分散液浓度较低时，自组装微球的界面夹角会小于 90°，这种结构参数的自组装微球无法满足光学回音壁模式的传播路径条件。因此，在确定了超疏水基底材料的前提下，通过测试再次验证了自组装微球制备需要配制浓度高于 10% 的纳米颗粒分散液，与图 1－10 中的分析计算结果基本一致。

（二）液滴容积对自组装微球半径的调控规律

对于浓度为 40% 的 SiO_2 纳米颗粒分散液，分别取容积为 0.1μL、0.2μL、0.3μL、0.4μL、0.5μL 的液滴制备自组装微球。通过数字显微镜的测定，这些自组装微球具有从 151.5～315.7μm 不等的半径，自组装微球与基底的界面夹角在 147.1°～155.4°的范围内变化，如图 1－17 所示。图 1－17 中标注的数字是多次实验得到的标准差。经过分析得知，界面夹角的微小差异来源与疏水颗粒的非连续性导致不同位置的表面自由能略有区别。这一测试结果表明，对于相同浓度的纳米颗粒分散液滴，自组装微球的半径与液滴容积呈正相关，而自组装微球的形状与液滴容积无关。

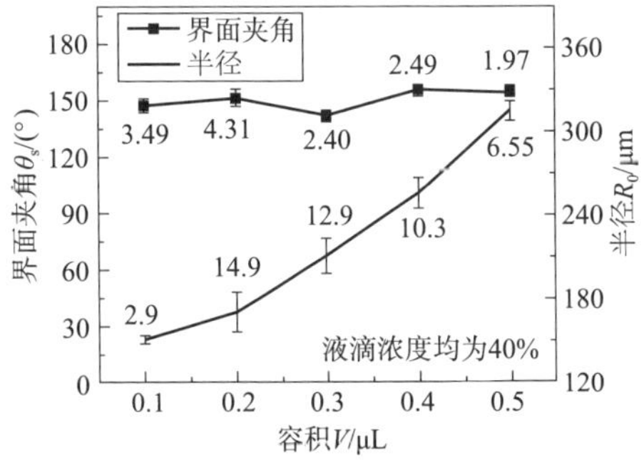

图 1－17　自组装微球的形态参数与液滴容积的关系

将内径为 60μm 的超细平口针头在超疏水涂层上方匀速移动，纳米颗粒分散液将断裂形成大量的微液滴，并在超疏水基底表面自组装形成若干自组装微球。

随机选取其中 20 个，测量它们的半径，统计结果如表 1 –2 所示。

表 1 –2　流体断裂自适应方法制备而成的自组装微球的半径　单位：μm

序号	1	2	3	4	5	6	7	8	9	10
半径	98.8	114.2	110.2	118.6	114.4	119.7	103.4	108.7	109.8	117.7
序号	11	12	13	14	15	16	17	18	19	20
半径	102.2	96.6	102.6	118.9	109.6	156.7	110.0	106.5	94.3	108.1

表 1 –2 中，半径为 156.7μm 的自组装微球位于置信区间之外，它是超疏水涂层上相距较近的液滴彼此融合而形成的。排除这一结果后，得到自组装微球半径的平均值为 108.56μm，标准差为 7.8μm，约为微球半径的 7%。实验结果表明，流体断裂自适应方法在大量制备自组装微球方面具有一致性较好的优势，且尺寸调控方法简单，是制备自组装微球的另一项关键技术。

通过上述研究，确定了自组装微球制备过程中的关键工艺参数。

(1)纳米材料需在工作波段有较低的吸收损耗。光通信的主要波段集中在 1.55μm 附近，为保证自组装器件具有良好的通光率，选择 SiO_2 纳米颗粒具有更显著的优势，该材料在可见光波段始终有着很好的透射特性。

(2)纳米颗粒的粒径应远小于传输光波长以降低散射损耗。本书选用了粒径为 20nm 的球形颗粒，制备的自组装微球的表面粗糙度低至 0.874nm。

(3)自组装微球需在高表面自由能的超疏水涂层上自组装，以确保其具有球形的几何轮廓。为此，本书选用了人造超疏水试剂，建立了表观接触角为 153°的超疏水条件。

(4)纳米颗粒分散液的浓度需要能够自由调控。由于自组装微球的界面夹角与分散液的浓度呈正相关，因此选用浓度为 40% 的分散液，可以实现大约 150.4°的自组装微球界面夹角。

(5)液滴的容积需要进行严格控制。由于自组装微球的半径与液滴容积呈正相关，因此采用流体断裂自适应方法可以快速实现大量一致性较好的自组装微球的制备，且能够在几十微米至几百微米尺度范围内控制微球的大小。

第五节　自组装微球的微纳结构及其物理特征参数

自组装微球不仅制备方法与传统的光学回音壁模式微球谐振腔不同，而且由于纳米颗粒的堆积作用，将产生独特的微纳结构特征，这一特征将赋予自组装微球在器件功能和应用方面独特的作用与价值。通过建立并分析自组装微球的微纳结构模型，给出了自组装微球的主要物理特征参数，如内部孔隙的尺寸和分布比例、等效折射率、比表面积以及传输损耗。

一、自组装微球的微纳结构模型

自组装技术的特点是能够产生有序的密堆积结构，这一结构保证了系统可以在最小的空间体积内容纳最多的基本单元，具有更低的自由能态。由于密堆积的作用，球形纳米颗粒的自组装结构中必然会出现周期分布的孔隙。研究表明，纳米颗粒在自组装结构的表面层和边界层易形成排列有序的体心立方(body-centered cubic)结构，而在内部区域易形成排列有序的面心立方(face-centered cubic)结构。

以下通过建立面心立方结构模型和体心立方结构模型对自组装微球的微纳结构进行分析，如图1－18所示。在三维框架结构视图中，每一个线条交接处的球体代表的均是纳米颗粒自组装的基本单元，而每个单元中心的深色颗粒代表的则是自组装所形成的孔隙的几何中心。在二维视图当中，实体和透明的球体分别代表了相邻的两层纳米颗粒基本单元，基本单元之间的深色球体则代表了孔隙内可以填充的最大颗粒。

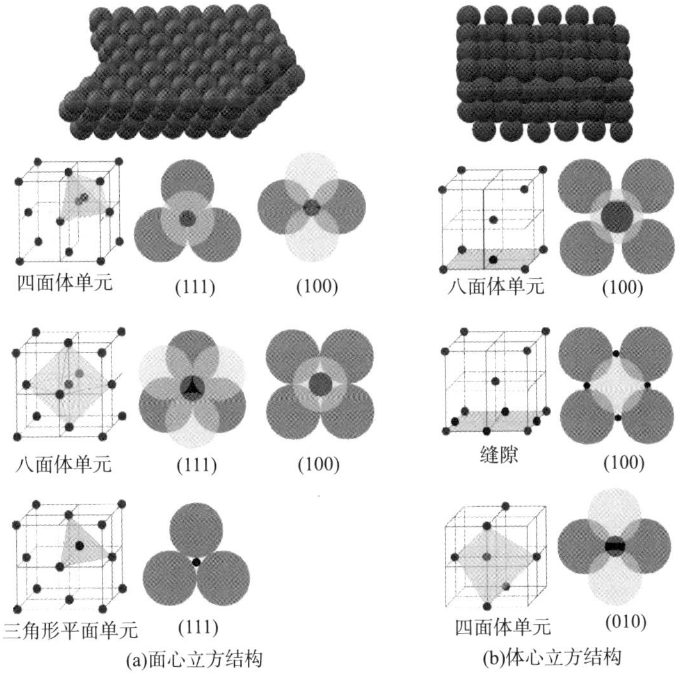

图1－18　三维自组装结构模型

二、自组装微球的物理特征参数

本小节主要内容为分析自组装微球的微观结构模型，建立纳米颗粒之间的几何关系，通过数学运算得到自组装微球的孔径和分布比例、等效折射率、比表面积以及传输损耗等物理参数。

（一）自组装微球的孔径和分布比例

将孔径表示为孔隙中可以填充的球体的最大直径，并规定组成自组装微球的所有的纳米颗粒的粒径一致。

首先分析面心立方结构模型，在这一模型中存在三种不同尺寸的孔隙。

四面体单元所包围的孔隙具有孔径：

$$\phi_{Pt}=\left(\frac{\sqrt{6}}{2}-1\right)\phi\approx 0.225\phi \qquad (1-20)$$

该孔隙在自组装微球结构中的空间占比为8.67%。

八面体单元所包围的孔隙具有孔径：

$$\phi_{Po}=(\sqrt{2}-1)\phi\approx 0.414\phi \qquad (1-21)$$

该孔隙在自组装微球结构中的空间占比为4.34%。

三角形平面单元所包围的孔隙具有孔径：

$$\phi_{Ptr}=\frac{1}{3}(2\sqrt{3}-3)\phi\approx 0.155\phi \qquad (1-22)$$

该孔隙在自组装微球结构中的空间占比为13%。

其次分析体心立方结构模型，该结构中也存在三种不同尺寸的孔隙。

八面体单元所包围的孔隙为：

$$\phi_{Pq}\approx 0.633\phi \qquad (1-23)$$

该孔隙在自组装微球结构中的空间占比为10.4%。

四面体单元所包围的孔隙为：

$$\phi_{Ptr}\approx 0.260\phi \qquad (1-24)$$

该孔隙在自组装微球结构中的空间占比为7.8%。

两个相邻的纳米颗粒之间存在的缝隙为：

$$\phi_{Pg}\approx 0.155\phi \qquad (1-25)$$

该孔隙在自组装微球结构中的空间占比为7.8%。

孔隙大小的国际分类标准如表 1 – 3 所示。通过上述计算可知，当纳米颗粒的粒径 ϕ 选取为 20nm 时，自组装微球的各类孔隙均符合介孔的定义范围(2 ~ 50nm)，因而自组装微球也可以被认为是一种具有介孔结构的自组装器件。此外，无论纳米颗粒是以面心立方结构还是以体心立方结构自组装，其内部的所有孔隙都具有交错相连的特点，孔隙之间组成了一个复杂的三维网络。

表 1 – 3　孔的分类　　单位：nm

IUPAC 分类法		杜比宁分类法	
类型	直径或孔宽 d	类型	半径 r
极微孔	$d<0.5$	微孔	$r<(0.6\sim0.7)$
超微孔	$0.5<d<2.0$	次微孔	$(0.6\sim0.7)<r<(1.5\sim1.6)$
介孔	$2.0<d<50$	过渡孔	$(1.5\sim1.6)<r<(100\sim200)$
大孔	$50<d$	大孔	$(100\sim200)<r$

(二)自组装微球的等效折射率

折射率是自组装微球作为一种光学器件的核心参数之一。在自组装微球当中，纳米颗粒主要以面心立方结构堆积而成，因此纳米颗粒的填充比例 η 可以表示为：

$$\eta=\frac{\pi}{3\sqrt{2}}=74\% \tag{1-26}$$

根据有效介质理论，多组分材料的有效折射率可以利用材料空间分布的加权平均值近似表示，因此自组装微球的等效折射率 n_s 可以表示为：

$$n_s=\sqrt{\eta\cdot n_p^2+(1-\eta)\cdot n_h^2} \tag{1-27}$$

式中，n_h 为自组装微球内部孔隙的折射率；n_p 为 SiO_2 纳米颗粒的折射率，$n_p=1.475$。

将式(1 – 26)代入式(1 – 27)可以算出放置于空气中($n_h=1.000$)的自组装微球的折射率约为 1.367。这一数值比传统 SiO_2 微球的折射率更低，因而光波以回音壁模式在其表面传输时，具有能量更大、透射深度更深的表面倏逝场。不仅如此，由于自组装微球的孔隙始终与外部环境连通，其折射率受外部环境折射率影响，因此自组装微球的等效折射率会随孔隙折射率变化而改变，如图 1 – 19 所示。在图 1 – 19 中，为了满足光波在微球中以全反射的方式不断向前传输的要求，需要保证自组装微球具有比外部介质更高的折射率，所以孔隙折射率的变化范围应限制在 1.000 ~ 1.475。

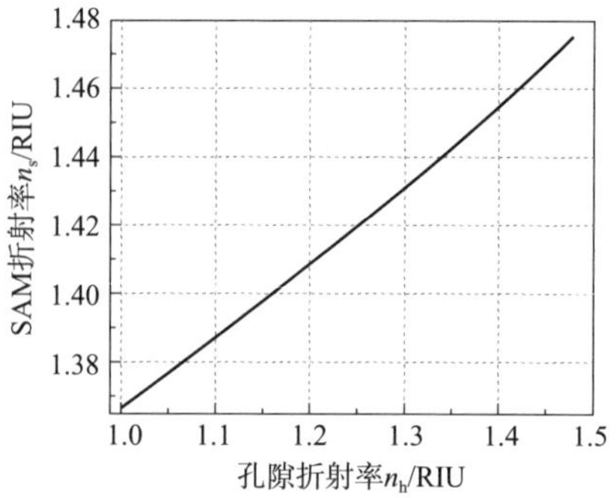

图 1－19　自组装微球折射率与孔隙折射率的关系

图 1－19 中，自组装微球的等效折射率 n_s 与孔隙折射率 n_h 近似呈线性关系，为简化计算，可以将这一规律用线性函数近似表达为：

$$n_s = \eta \cdot n_p + (1-\eta) \cdot n_h \tag{1-28}$$

由于自组装微球的等效折射率受外部环境调控，因此其与传统的 WGM 微腔有本质区别。传统微腔仅能够通过倏逝场效应感知外界环境的变化，而自组装微球增加了器件折射率随外界环境变化而改变的敏感机制，有利于进一步提高光学回音壁模式器件在高精度测量方面的性能指标。

（三）自组装微球的比表面积

自组装微球是由大量纳米颗粒彼此紧密结合构建而成的三维立体结构，其比表面积 $\eta_{s/v}$ 可以表示为：

$$\eta_{s/v} = \frac{S}{V} = \frac{\pi\phi^2 \cdot \Omega}{\frac{1}{6}\pi\phi^3} = 6\Omega\phi^{-1} \tag{1-29}$$

式中，Ω 为有效表面积系数，来源于纳米颗粒彼此连接造成的表面积的减少以及不完美的自组装区域所损失的表面积。根据国际现有研究成果，Ω 的经验值为 0.62。

式(1－29)表明，纳米颗粒的粒径越小，自组装结构的比表面积越大。对于直径 ϕ 为 20nm 的自组装微球，比表面积的计算值为 $1.86\times10^8 \mathrm{m^2/kg}$，相比同样半径(100μm)的传统微球，比表面积的理论计算结果提高了约 4.6×10^3 倍，这一明显增大的比表面积有助于增强自组装微球对环境物质的吸附作用，并提高与功能材料结合时的负载率，使自组装微球在复合材料制备、超灵敏生化传感等方面具有比传统微腔更大的优势。

(四)自组装微球的传输损耗

根据散射理论，自组装微球中光波的传输损耗正比于 SiO_2 纳米颗粒的消光系数 C_{ext}：

$$C_{ext} = \sigma_{ext} \cdot \pi \cdot \left(\frac{\phi}{2}\right)^2 \qquad (1-30)$$

式中，σ_{ext}为 SiO_2 纳米颗粒的消光截面，由 SiO_2 的材料特性决定。

相比结构具有致密性的传统光学回音壁模式微腔，由纳米颗粒组成的自组装微球具有更大的散射损耗：当 ϕ 为 20nm 时，自组装微球的传输损耗相比传统光学回音壁模式微腔的传输损耗高出约 4×10^4 倍。由于光学谐振腔的品质因数(Q 值)与微腔的损耗成反比，因此自组装微球的 Q 值会产生相应的下降。传统熔融法制备的光学回音壁模式微腔的 Q 值最高可达 10^9 量级，故自组装微球的 Q 值会因光散射而降低到约 10^4 量级。在此需要特别说明的是，尽管自组装微球的光传输损耗无法与传统光学回音壁模式微腔相媲美，但其孔隙结构却有助于大幅提高折射率敏感度和比表面积等物理特征参数，使自组装微球在痕量物质检测或发光器件制备等特定的应用领域具有突出的技术优势。

通过本章论述，可以总结得到自组装微球在制备技术和器件特征两方面具有独特的优势：

(1)在制备技术方面，纳米颗粒自组装：①对于各种材料具有普适性，本章仅以最具代表性的光学材料 SiO_2 作为基本单元用于自组装微球的制备。②在制备光学回音壁模式微腔方面，无须任何专业设备，技术简单，在室温条件下即可完成。③调控自组装微球形态的方法简便且出品率高、形态一致性好。④制备自组装微球的成本极低，利于该技术的推广与普及。

(2)在器件特征方面，自组装技术：①使自组装微球内部产生大量孔隙结构，且孔隙之间相互连通组成了一个复杂的三维网络，这正是目前传统制造业难以突破的技术瓶颈。②使自组装微球的等效折射率受外部环境调控，这与传统的具有致密结构的回音壁模式微腔有本质区别。③使自组装微球有极高的比表面积，增强了对物质的吸附能力，同时也扩展了更多的表面活性点位，有利于提高微球与功能材料的结合率。

正是自组装微球兼具技术和结构两方面的优势，使其有望成为光学回音壁模式微腔研究领域中新的发展分支。

第二章　自组装微球谐振腔的光传输与耦合特性

本章介绍了光学回音壁模式（WGM）微腔，详细分析了 WGM 微腔的光传输特性和模场分布规律；总结了熔锥光纤与 WGM 微腔的耦合机理及关键影响因素；建立了 WGM 谐振光谱特征参量的数学表达，为 WGM 微腔的应用奠定了理论研究基础。

第一节　光学回音壁模式微腔概述

光学回音壁模式（Whispering Gallery Mode，WGM）微腔作为一种用途广泛、性能优异的微型导波光子器件，在光子信息技术领域，不仅支持了大量基础光物理的研究，同时对于应用光子器件的制造也有广泛而重要的作用。

回音壁效应起源于对声波的研究，1910 年英国物理学家 Lord Rayleigh 于伦敦圣保罗大教堂［图 2－1（a）］穹顶发现了声学回音壁效应。1961 年美国 Garrett 等人首次在氟化钙晶体微球中发现了光学回音壁效应，这一发现推进了回音壁效应从宏观到微观、从声学到光学的拓展，开辟了 WGM 微腔的研究新领域。

(a)圣保罗大教堂　　(b)北京天坛

图 2－1　具有声学回音壁效应的古建筑

一、WGM 微腔的研究现状

光学 WGM 微腔是利用光波在介质分界面连续全反射，将光限制在腔体内往复传播的一种微型导波光子器件，具有体积小、Q 值高、传输损耗低、非线性效应强、倏逝场显著等技术优势。近年来，在以通信、传感、激光为代表的众多领域中，国内外学者围绕高 Q 值 WGM 微腔的制备技术、基于表面修饰的 WGM 微腔性能优化技术、新型光波导与 WGM 微腔的耦合技术、WGM 光子选频技术、WGM 微腔的信号采集技术、WGM 微腔光力学效应等方面展开了广泛而深入的研究。

在通信领域，WGM 微腔可以用于高性能光子、量子通信器件的研制。利用回音壁模式对光子的选频作用以及由此形成的梳状光谱，WGM 微腔支撑了光学滤波器、光开关和光隔离器等高性能光通信器件的研究。此外，鉴于强局域的 WGM 光场可以与单原子作用进而实现单光子提取，WGM 微腔被扩展应用于量子通信系统并衍生出新的量子密钥分发技术。可见，WGM 微腔在构建全光通信网络、推动量子技术与理论的同步发展方面极具技术潜力。

在传感领域，由于 WGM 传输的光波能够与物质反复作用，有利于实现环境物质、电磁场、温度场等对光波的高效调控，因而 WGM 微腔在形成传感器方面具有显著的技术优势。WGM 微腔利用倏逝场对外部环境折射率敏感的机制，实现了从气体小分子到生物大分子的多类型物质的传感与检测；利用热光效应对腔体折射率的调制，实现了温度的传感；利用电致(或磁致)伸缩效应所引起的腔体形变，实现了对电磁场的测量。并且，WGM 微腔由于具有独特的光传输模式，可以提高表面光场的能量密度，有利于形成对环境中痕量物质的高灵敏度传感，因而在危险气体检测、医学诊断方面得到了广泛而深入的研究与应用。

在激光领域，WGM 微腔不仅可以提高增益介质在谐振波长处的自发辐射，而且可以提高自发辐射光与回音壁模式的耦合效率，有利于形成低阈值微型激光器。不仅如此，超高 Q 值的 WGM 微腔还可以将光能量局限在极小的空间体积内，进而实现光子的非线性调控。因此，WGM 微腔对连续波长光频梳和短脉冲锁模激光器的研究具有重要的推动作用。

综上，WGM 微腔在光子通信、量子通信、传感和激光等诸多领域有着广泛而深入的研究与应用，对推进光子信息技术高质量发展具有重要意义。

二、WGM 微腔的常规制备方法

WGM 微腔的制备技术一般分为“自上而下”和“自下而上”两类。所谓“自上而下”的制备技术是通过减除操作，将材料切削、刻蚀、熔化，使材料由大变小形成 WGM 微腔。所谓“自下而上”的制备技术是通过物理堆积或化学累积的方法，采用结晶生长、交联固化等技术手段，使材料由小变大形成 WGM 微腔。现有 WGM 微腔的主要制备技术及特点如表 2－1 所示，所形成的形态如图 2－2 所示。

表 2－1　WGM 微腔的主要制备技术及特点

制备技术	分类	WGM 微腔形态	技术特点
熔融塑形法	自上而下	微球腔、微管腔、微泡腔	方法简单、尺寸控制难度高
光刻法	自上而下	微环腔、微盘腔、微芯圆环腔	控制精度高、加工成本高
超声分散法	自上而下	液滴微腔	仅限液体、尺寸随机性大
结晶生长法	自下而上	多边形腔	Q 值低、材料局限大
交联固化法	自下而上	半球腔	可阵列化、自由空间耦合

图 2－2　WGM 微腔的形态

在众多 WGM 微腔的制备技术中，熔融塑形法和光刻法是目前学界和业界使用最普遍的两种技术。

熔融塑形法是基于表面张力的作用原理，利用火焰、激光、电弧等手段加热光纤的顶端至熔点，并借助表面张力使熔化的部分缩聚，形成圆润的 SiO_2 微球，如图 2-2(a)所示。利用熔融塑形法制备的 WGM 微球腔的尺寸受光纤的直径、光纤的热导率、热源的温度、热源的作用位置等一系列因素影响。该制备技术的优势在于方法简单、制作材料易于获得、制备成本低、耗时短，但其劣势在于控制难度高、尺寸随机性大、可复制性差，不利于未来大规模量产。

光刻法是采用光刻机对硅晶圆、氧化硅、氮化硅、聚合物等材料进行图案化刻蚀，进而制备 WGM 微腔的技术新方法。光刻法早期制备的 WGM 微腔有微环腔和微盘腔。2003 年，美国加州理工学院的 K J Vahala 教授于 *Nature* 发表了微芯圆环腔的研究成果，利用激光回流技术对微盘腔的边缘整形获得了 Q 值为 10^8 的 WGM 微腔，如图 2-2(f)所示。光刻法对 WGM 微腔的尺寸控制精度高，能够一次成型批量 WGM 微腔，也可直接制造光学集成芯片，但其局限在于制备过程复杂、技术门槛高、时间成本与制造成本大。

利用传统技术制备的 WGM 微腔，普遍具有较小的模式体积和光滑的表面，正是这些结构特征推动了光学非线性效应、光子传送带效应、光学窄带滤波技术的发展，是制备高 Q 值 WGM 微腔的必要因素；但是，采用熔融塑形法制备而成的 WGM 微腔的结构尺寸随机性大，而采用光刻法制备 WGM 微腔的技术门槛过高、成本太大。所以，目前国内对突破现有技术障碍，推进 WGM 微腔多种形式制备工艺的发展有着迫切的技术需求。

第二节　WGM 微腔的光传输特性

本节从几何光学理论和波动光学理论两个角度出发，研究 WGM 的传输特性和光场的空间分布规律，并分析微腔表面倏逝场的结构特性，进而建立光波在 WGM 微腔中的基本传输特性。

一、基于几何光学理论的 WGM 传输特性

几何光学将光束视作一条光线，其传播规律遵从 Snell 定律。当光线以掠入

图2－3　WGM 微腔中的光传播路径

射或倏逝波耦合的方式进入微腔后，它会沿弯曲封闭的腔壁不断全反射，最终回到起点形成一条封闭的光路，如图2－3所示。在掠入射或倏逝波耦合条件下，光波能够以近似90°的入射角进入微腔，此时光传播路径等效为一个圆周。

在WGM微腔中，光波的谐振条件为：

$$2\pi R_0 n_1 = l\lambda \tag{2-1}$$

式中，R_0 为微腔的半径；n_1 为微腔的折射率；l 为微腔的模量，取值为整数；λ 为光波长。

谐振条件表明：若一个周期的光程为光波波长 λ 的整数倍，这一波长的光波将以驻波的形式被“囚禁”在微腔中形成回音壁模式，而不满足谐振条件的光波长则迅速泄漏到外部环境中。因此，WGM 对传输光的波长具有选择作用。

二、基于波动光学理论的 WGM 传输特性

通过波动光学理论可以获得 WGM 的波动传输特性和模场分布规律。传输特性的研究是对 WGM 微腔结构进行优化的前提，也是我们探索光与物质相互作用增强机制的主要途径。

光波是一种电磁波，其电场矢量的解代表了光的传输特性，从 Maxwell 方程组出发，代入场论公式消除磁场分量后，得到电场矢量 $\boldsymbol{E}(\boldsymbol{r}, t)$ 的偏微分方程：

$$\nabla^2 \boldsymbol{E}(\boldsymbol{r}, t) - \mu\varepsilon \frac{\partial^2 \boldsymbol{E}(\boldsymbol{r}, t)}{\partial t^2} = 0 \tag{2-2}$$

式中，ε 为微腔的介电常数；μ 为微腔的磁导率。

因为电场是时间变量和空间变量相互独立的时空函数，所以电场矢量可以分解为两者的乘积：

$$\boldsymbol{E}(\boldsymbol{r}, t) = \boldsymbol{E}(\boldsymbol{r})E(t) \tag{2-3}$$

式中，$\boldsymbol{E}(\boldsymbol{r})$ 为电场矢量的空间函数；$E(t)$ 为电场矢量的时间函数。

将式(2－3)代入式(2－2)中得到：

$$\frac{\partial^2 E(t)}{\partial t^2} + \omega^2 E(t) = 0 \tag{2-4}$$

$$\nabla^2 \boldsymbol{E}(\boldsymbol{r}) + \boldsymbol{k}^2 \boldsymbol{E}(\boldsymbol{r}) = 0 \tag{2-5}$$

式中，ω 为光波的角频率；$\boldsymbol{k}$ 为电磁波的波矢，传播方向与电场 $\boldsymbol{E}$、磁场 $\boldsymbol{H}$ 的振动方向同时垂直，取值为：

$$k=\omega\sqrt{\mu\varepsilon}=\frac{2\pi}{\lambda} \tag{2-6}$$

式(2-4)和式(2-5)分别表示光场中电场分量随时间和空间的变化规律，它们被统一称为 Helmholtz 方程。下面对 $E(t)$ 和 $\boldsymbol{E}(\boldsymbol{r})$ 分别求解。

(一)WGM 随时间的传输特性 $E(t)$

对式(2-4)求解得到电场矢量在时域的表达式：

$$E(t)=\mathrm{e}^{-i\omega t}=\cos(\omega t)-i\cdot\sin(\omega t) \tag{2-7}$$

式(2-7)表明光波的模场随时间具有以 $2\pi/\omega$ 为周期的正余弦函数的变化规律，光在微腔中波动传输。

(二)WGM 随空间的分布特性 $\boldsymbol{E}(\boldsymbol{r})$

电场空间函数的解代表了 WGM 在空间的模场分布规律，对于揭示 WGM 微腔的光传输特性具有重要意义。

当光波以掠入射进入均匀材料构成的微球腔时，光的偏振态在传播过程中保持不变，因此矢量 Helmholtz 方程可以用标量近似。如图 2-4 建立球坐标系，该坐标系始终以 WGM 传输轨道所在的平面作为赤道面，得到模场的空间分布：

$$\boldsymbol{E}(\boldsymbol{r})=E(r,\ \theta,\ \phi) \tag{2-8}$$

式中，r 为球坐标中的半径参量；θ 为极角参量；ϕ 为方位角参量。

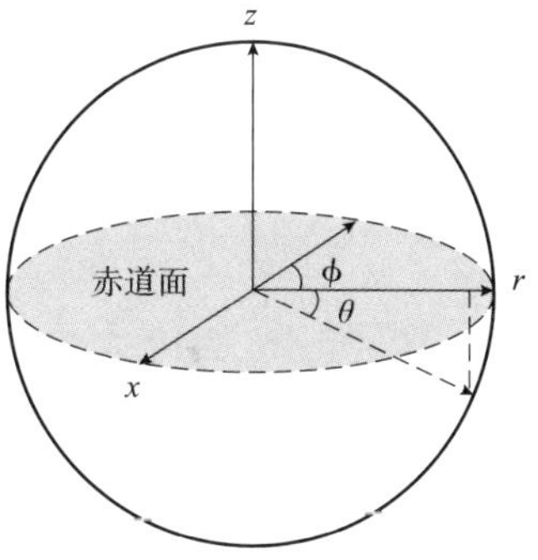

图 2-4　WGM 微腔的球坐标系

结合球坐标下 Laplace 算符∇^2的表达式，改写式(2-5)得到以下标量方程：

$$\frac{1}{r^2}\frac{\partial}{\partial r}\left(r^2\frac{\partial E}{\partial r}\right)+\frac{1}{r^2\sin\theta}\frac{\partial}{\partial\theta}\left(\sin\theta\frac{\partial E}{\partial\theta}\right)+\frac{1}{r^2\sin^2\theta}\frac{\partial^2 E}{\partial\phi^2}+k^2E=0 \tag{2-9}$$

由于球坐标系的三个参量彼此独立，因此使用分离变量法对 $E(r,\ \theta,\ \phi)$ 进行分解：

$$E(r,\ \theta,\ \phi)=\boldsymbol{R}(r)\boldsymbol{\Theta}(\theta)\boldsymbol{\Phi}(\phi) \tag{2-10}$$

式中，$\boldsymbol{R}(r)$ 为 Helmholtz 方程在球坐标径向的解；$\boldsymbol{\Theta}(\theta)$ 为极角方向的解；$\boldsymbol{\Phi}(\phi)$ 为方位角方向的解。三者分别代表了电场在各个方向的空间分布。

1. 模场在径向的解 $\boldsymbol{R}(r)$

将式(2－10)代入式(2－9)，可以获得 Helmholtz 方程在径向上的表达式：

$$\frac{\mathrm{d}^2\boldsymbol{R}}{\mathrm{d}r^2}+\frac{2}{r}\frac{\mathrm{d}\boldsymbol{R}}{\mathrm{d}r}+\left[k^2-\frac{l(l+1)}{r^2}\right]\boldsymbol{R}=0 \tag{2-11}$$

其中：

$$l(l+1)=-\frac{1}{\boldsymbol{\Theta}\sin\theta}\frac{\mathrm{d}}{\mathrm{d}\theta}\left(\sin\theta\frac{\mathrm{d}\boldsymbol{\Theta}}{\mathrm{d}\theta}\right)-\frac{1}{\boldsymbol{\Phi}\sin^2\theta}\frac{\mathrm{d}^2\boldsymbol{\Phi}}{\mathrm{d}\phi^2} \tag{2-12}$$

式(2－11)是 l 阶球 Bessel 方程，l 为角向模量，可以表示为：

$$l=\frac{2\pi R_0 n_1}{\lambda} \tag{2-13}$$

式中，R_0 为微腔的半径；n_1 为微腔的折射率；λ 为光波长。

在球 Bessel 方程通解的基础上增加边界连续的条件，则模场在径向的解为：

$$R_l(r)=\begin{cases} j_l(kr), & r<R_0 \\ j_l(kR_0)\mathrm{e}^{-\alpha(r-R_0)}, & r\geqslant R_0 \end{cases} \tag{2-14}$$

其中：

$$\alpha=\sqrt{\frac{l(l+1)}{R_0{}^2}-k^2} \tag{2-15}$$

$$j_l(x)=\sqrt{\frac{\pi}{2x}}\,j_{l+\frac{1}{2}}(x) \tag{2-16}$$

式中，k 为光在真空中的波数；α 为电场在腔外的衰减系数；$j_l(x)$ 为球 Bessel 函数。

结合 Bessel 函数的性质可知，WGM 场强的径向分布为：在 $0<r<R_0$ 的球内部，可以有多个峰值，峰值的个数 q 与 l 有关；在 $r\geqslant R_0$ 的微球表面和外部，场强呈指数衰减，衰减系数为 α。以半径为 50μm 的二氧化硅($n_1=1.45$)微球腔为例，假设传输光波长约为 1.55μm，根据式(2－13)可知 l 取值约为 192。利用式(2－14)，可以得到场强沿微球半径 r 的变化规律，如图 2－5(a)所示，其中模场仅有一个能量峰且靠近微腔表面。在其他条件保持不变的情况下，仅改变 l 的取值，进一步获得了如图 2－5(b)和图 2－5(c)所示的场强分布，其中模场有多个能量峰，且越靠近微腔表面，峰值能量越低。

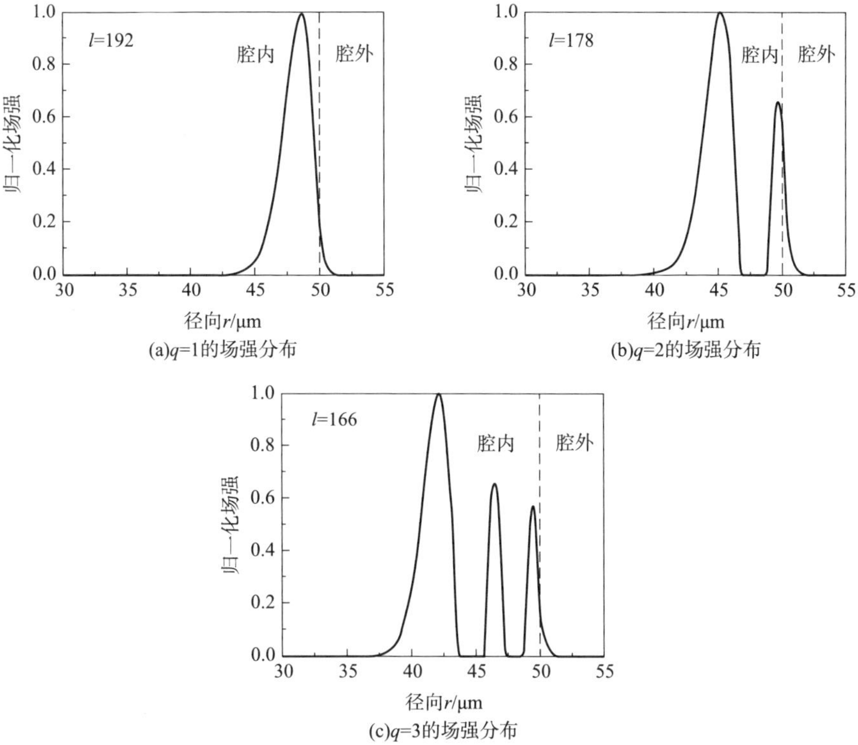

图 2－5　WGM 微球的归一化径向场强分布

WGM 模场径向的解表明：WGM 的能量主要以导波模式集中在腔内，且光波沿径向有多种模式分布。

2. 模场在极角方向的解 $\boldsymbol{\Theta}(\theta)$

对式(2－12)分离变量，可以得到 Helmholtz 方程在极角方向 $\boldsymbol{\Theta}(\theta)$ 的表达式：

$$\sin\theta\frac{\mathrm{d}}{\mathrm{d}\theta}\left(\sin\theta\frac{\mathrm{d}\boldsymbol{\Theta}}{\mathrm{d}\theta}\right)+[l(l+1)\sin^2\theta-m^2]\boldsymbol{\Theta}=0 \tag{2-17}$$

这是一个球谐微分方程，其解为 l 阶第一类连带 Legendre 函数：

$$\boldsymbol{\Theta}(\theta)=P_l^m(\cos\theta) \tag{2-18}$$

式中，m 为方位角模量，取值为整数且取值范围为$[-l, l]$。

以半径为 50μm 的二氧化硅($n_1=1.45$)微球为例，假定传输光波长约为 1.55μm，l 的取值为 192，那么当 m 的取值为 190～192 时，利用式(2－18)，获得微腔中模场强度沿微球极角 θ 的变化规律，如图 2－6 所示。当 $m=l$ 时，模场在极角方向上有且仅有一个能量峰，与微腔的赤道线重合。而当 $m\neq l$ 时，模场有多个能量峰，且这些能量峰会对称地分布在赤道的两边。

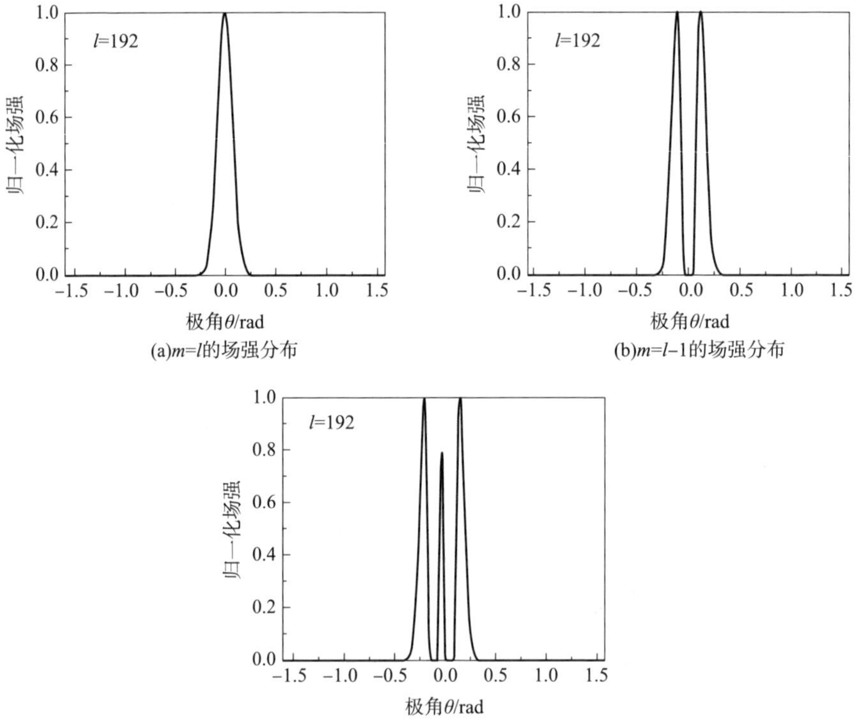

(a)$m=l$的场强分布　(b)$m=l-1$的场强分布　(c)$m=l-2$的场强分布

图 2-6　WGM 微球的归一化极角方向场强分布(1rad = 180°/π)

WGM 模场极角方向的解表明：场强以微球的赤道面为对称轴，沿极角方向分布着对称的模场，且 $l-|m|+1$ 的计算结果为场强沿极角方向的峰值个数。

3. 模场在方位角方向的解 $\boldsymbol{\Phi}(\phi)$

对式(2-12)继续分离变量，得到 Helmholtz 方程在方位角方向 $\boldsymbol{\Phi}(\phi)$ 的表达式。

$$m^2 = -\frac{1}{\boldsymbol{\Phi}}\frac{\mathrm{d}^2\boldsymbol{\Phi}}{\mathrm{d}\phi^2} \tag{2-19}$$

对这一函数求解，可得

$$\boldsymbol{\Phi}(\phi) = \frac{1}{\sqrt{2\pi}}\mathrm{e}^{im\phi} = \frac{1}{\sqrt{2\pi}}[\cos(m\phi) + i\cdot\sin(m\phi)] \tag{2-20}$$

函数的解说明 $\boldsymbol{\Phi}$ 是一个沿 ϕ 方向以 $2\pi/m$ 为周期变化的正余弦函数。同样以半径为 50μm 的 SiO_2($n_1=1.45$)微球为例，假设传输光波长约为 1.55μm，l 的取值为 192。当 m 的取值分别为 192、162 和 132 时，利用式(2-20)，获得了微腔中模场强度沿微球方位角 ϕ 的变化规律，如图 2－7 所示。

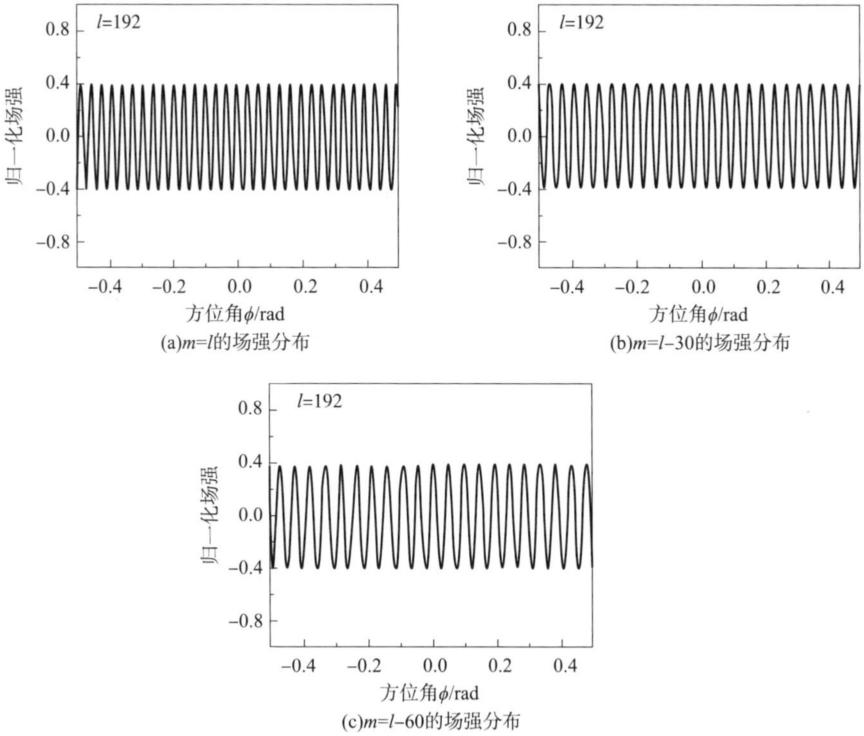

图 2－7　WGM 微球的归一化方位角方向场强分布

WGM 模场方位角方向的解表明：场强沿微球的赤道线具有随方位角方向周期性波动的传输特征。

通过以上研究，先后得到了 $\boldsymbol{E}(t)$、$\boldsymbol{R}(r)$、$\boldsymbol{\Theta}(\theta)$、$\boldsymbol{\Phi}(\phi)$ 四个相互独立的函数的解，综合式(2－3)、式(2－7)与式(2－10)，可知电场的 $\boldsymbol{E}(\boldsymbol{r},\ t)$ 的解为

$$\boldsymbol{E}(\boldsymbol{r},\ t)=\mathrm{C}Z_l(k\gamma)P_l^m(\cos\theta)\mathrm{e}^{i(m\phi-\omega t)} \tag{2-21}$$

式中，C 为常数，代表了光波的振幅。

式(2－21)统一了光场在时域和空间域(包括径向、极角方向和方位角方向)的解，是 WGM 光波传输特性的表达式。为描述该特性，引入了 l、q、m 三个模式参量：l 为角向模量；q 为径向模量，表示径向上模式的个数，由 l 的取值决定；m 为方位角模量，取值范围为 $-l<m<l$，$|m|$表示方位角方向模式的个数，而 $l-|m|+1$ 表示极角方向上模式的个数。将 $q=1$，$m=l$ 的模式定义为 WGM 微腔的基模，其余模式均作为高阶模。基模与高阶模的模场分布示意图如图 2－8 所示。

(a)基模(q=1，l=m)　　(b)二阶径向模(q=2)　　(c)高阶极角模($l-|m|+1=3$)

图 2－8　WGM 的模场分布示意图

根据波动光学理论，WGM 的传输特性和模场空间分布规律可以总结如下：

(1)光波的传输规律是沿微腔的赤道随时间而周期波动，这是光波在腔内形成谐振的基础。

(2)主要模场能量集中在微腔内部，腔外能量则呈指数函数迅速衰减。

(3)微腔内部可以同时存在多个 WGM 模式，每个模式都有不同的传播常数。

(4)基模与高阶模式相比仅有一个能量峰，且基模的能量主峰最靠近微腔的赤道表面，便于耦合和调控，是微腔应用过程中需要激发的首要模式。

三、WGM 微腔的表面倏逝场特性

倏逝场是由于全反射原理在两种介质的分界面上产生的一种随距离快速衰减的电磁场。对 WGM 微腔表面倏逝场穿透深度和能量大小的研究是实现微腔与其他波导器件耦合的基础。

(一)倏逝场的穿透深度

倏逝场的穿透深度反映了光场在微腔表面的有效作用距离。将 WGM 微腔赤道面的边界无限放大，得到以 WGM 传播的光束在微腔表面的传播路径，如图 2－9 所示。

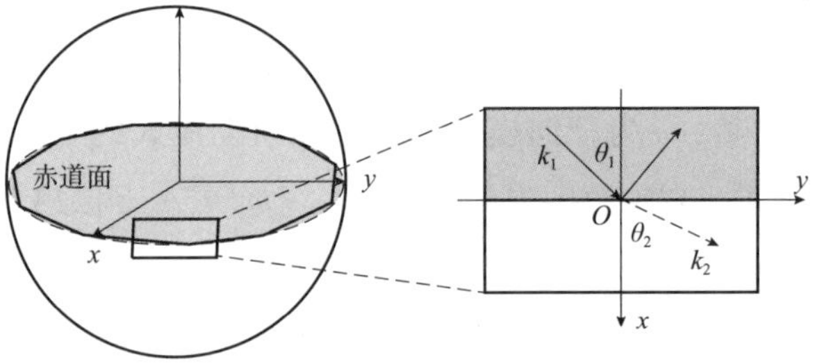

图 2－9　WGM 在微腔表面的光束传播示意图

在图 2－9 中，建立 xOy 坐标系，则透射波的电场分量可以表示为：

$$E_2 = E_{20}\mathrm{e}^{i(k_{2x}x + k_{2y}y - \omega t)} \tag{2-22}$$

式中，E_{20} 为交界面处（$x=0$）电场的振幅；ω 为光波的角频率；k_{2x} 为光疏介质中波矢的横向分量；k_{2y} 为光疏介质中波矢的纵向分量。根据 Snell 方程可知：

$$k_{2y} = k_2\sin\theta_2 = k_2\frac{\sin\theta_1}{n_\mathrm{r}} \tag{2-23}$$

$$k_{2x} = k_2\cos\theta_2 = \pm ik_2\sqrt{\frac{\sin^2\theta_1}{n_\mathrm{r}^2} - 1} = \pm i\kappa \tag{2-24}$$

式中，n_r 为光疏介质与光密介质的折射率比值（$n_\mathrm{r} = n_2/n_1$）；θ_1 为光束的入射角；θ_2 为光束的折射角。由此，式（2－22）可以改写为：

$$E_2 = E_{20}\mathrm{e}^{(\mp\kappa x)[i(k_{2y}y - \omega t)]} \tag{2-25}$$

式（2－25）表明，透射波是一个沿 y 轴方向传播、振幅沿 x 轴方向呈指数变化的光波。当参数 κ 前取正号时，表示光波离开界面越远振幅越大，这与实际完全相反，因此 κ 前应取负号，表示振幅随光波远离界面而急剧衰减。将振幅衰减到 E_{20} 的 1/e 的距离定义为倏逝波的穿透深度 x_0，可以通过式（2－26）获得：

$$x_0 = \frac{1}{\kappa} = \frac{\lambda}{2\pi\sqrt{\sin^2\theta_1 - n_\mathrm{r}^2}} \tag{2-26}$$

由式（2－26）可知，x_0 是入射角 θ_1、光波长 λ 以及折射率比值 n_r 的函数。

为了获得倏逝波在 x 方向的分布规律，将微腔外部自由空间的折射率规定为 1.0，微腔折射率取 1.1、1.2、1.3、1.4、1.5，利用式（2－26），构建了倏逝场穿透深度 x_0 与入射角 θ_1 之间的关系，如图 2－10 所示。

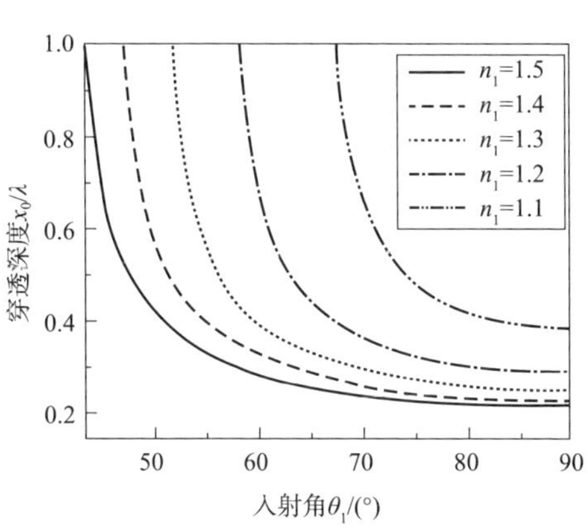

图 2－10　倏逝场穿透深度与入射角的关系

图 2 - 10 中，倏逝场的穿透深度为波长量级，且随入射角度增大或微腔折射率增大而减小。通常光波是以掠入射或近场耦合的方式进入 WGM 微腔，此时入射角 $\theta_1 \approx 90°$，根据图 2 - 10 可知，倏逝场的穿透深度通常小于入射光波长的一半。

对于具有一定曲率的 WGM 微腔，需要利用波动传输理论中模场在径向的解对 x_0 加以修正。通过式(2 - 15)，WGM 微球倏逝波的穿透深度 x_0 可以表示为：

$$x_0 = \frac{1}{\alpha} = \frac{R_0}{\sqrt{l(l+1) - k^2 {R_0}^2}} \tag{2-27}$$

将式(2 - 13)代入式(2 - 27)，得到 WGM 微球表面倏逝场的穿透深度 x_0 的表达式。

$$x_0 = \frac{\lambda}{2\pi\sqrt{{n_1}^2 + \frac{n_1\lambda}{2\pi R_0} - 1}} \tag{2-28}$$

式(2 - 28)表明，x_0 是波长 λ、微腔折射率 n_1 和半径 R_0 的函数。当 R_0 趋于无穷大时，式(2 - 28)与式(2 - 26)的计算结果一致。例如，在图 2 - 11 中，将微腔折射率分别取 1.1、1.2、1.3、1.4、1.5，利用式(2 - 28)，构建了倏逝场穿透深度 x_0 与微球半径 R_0 之间的数学关系。

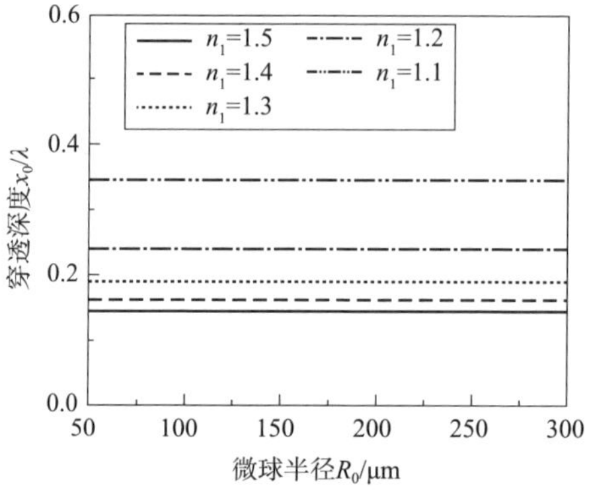

图 2 - 11　倏逝场穿透深度与微球半径的关系

图 2 - 11 表明，折射率在 1.1 ~ 1.5 范围内，WGM 微球的倏逝场穿透深度约为波长的 0.14 ~ 0.35 倍；WGM 微腔的透射深度与器件的折射率成反比，且倏逝场的分布几乎与器件的半径无关。因此，采用折射率更低的材料制备微腔更有利于增加 WGM 倏逝场的透射深度。这一结论对于精密检测技术与光耦合理论的发展十分重要。

(二)倏逝场光能量的计算方法

倏逝场的光能量决定了光场受外部介质调控的效率。将腔内光能量与总光能量之比定义为 WGM 微腔的传输效率 η_c，其表达式为：

$$\eta_c = \frac{\int_0^{R_0} j_l(k\gamma)\,\mathrm{d}x}{\int_0^{R_0} j_l(k\gamma)\,\mathrm{d}x + \int_{R_0}^{\infty} j_l(kR_0)\,\mathrm{e}^{-\alpha(\gamma-R_0)}\,\mathrm{d}x} \tag{2-29}$$

式(2-29)表达了微腔对光场能量的束缚能力。将 $R_0=50\mu\mathrm{m}$、$\lambda=1.55\mu\mathrm{m}$、$n_1=1.45$ 代入式(2-14)~式(2-16)和式(2-29)中，计算可得微球 WGM 基模的传输效率 η_c 约为 0.982。倏逝场能量的计算方式是用总光场能量减腔内的光场能量，由此可知，WGM 基模的倏逝场占其光场总能量的 1.8%。

通过对 WGM 表面倏逝场特性的研究，可以得出以下结论：

(1)WGM 微腔倏逝场的透射深度为波长量级，在与波导器件耦合时，需要精准调控微腔的空间位置，以提高微腔倏逝场与波导器件的匹配度。此外，在 WGM 微腔器件制备过程中，应优先选择折射率更低的材料以提高倏逝场的透射深度。

(2)对于半径为 50μm、折射率为 1.45 的微腔，倏逝波的能量仅为 WGM 光场总能量的约 1.8%，说明仅依靠倏逝波能量与外部介质相互作用的传统 WGM 微腔具有较低的器件性能。

本节通过几何光学理论和波动光学理论，详细分析了 WGM 的传输特性和模场空间分布规律，明确了微腔表面倏逝场的基本特性。这三方面内容共同组成了 WGM 的基本光传输特性。

第三节　WGM 微腔和熔锥光纤的耦合原理

激发微腔的 WGM 需要腔外传输的光波与腔内光波的模场匹配、传播常数相等。由于空气折射率与微腔差异较大，光波在通过掠入射条件进入微腔时难以满足上述要求，因此若以空间辐照的方式激发 WGM，则光能量的利用效率非常低。相比之下，光波在具有强倏逝场的波导器件(如光纤、棱镜)中传输时，其传输特性与光在微腔中的传输特性相似，因此通过波导耦合激发 WGM 的效率更高。

其中，熔锥光纤得益于其锥区－腰区的传播常数可调、倏逝场能量大、空间位置易于调控等特点，成为激发 WGM 微腔最简单高效的方法之一。

研究 WGM 微腔与熔锥光纤的耦合特性需要对熔锥光纤的光传输特性、两者之间的耦合机理以及影响两者耦合的关键因素进行分析。

一、熔锥光纤的光传输特性

熔锥光纤的结构如图 2－12 所示，由一段光纤腰区和两段光纤锥区组成。由于它的几何结构会影响光波在其中的传输特性，进而左右了它与 WGM 微腔的耦合效率，因此需要分别对锥区和腰区中光的传输特性进行分析。

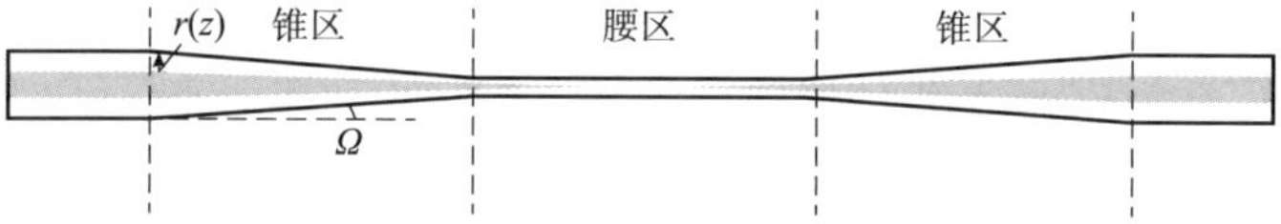

图 2－12　熔锥光纤的结构

（一）光纤锥区的传输特性

光波从未拉伸区域的纤芯通过锥区进入腰区时，单模光纤的基模可逐渐转化为腰区的传播模式。若锥区的长度大于光波模式之间的拍频长度，则这一锥区满足绝热条件：

$$\frac{r(z)}{\tan\Omega} > \frac{2\pi}{\beta_1 - \beta_2} \tag{2-30}$$

式中，$r(z)$为光纤未拉伸区的半径；Ω 为锥区的锥角；β_1 为光纤中基模的传播常数；β_2 为高阶模的传播常数。当锥角很小时，可近似认为 $\tan\Omega \approx \Omega$，将绝热条件改写为：

$$\Omega < \frac{r(z) \cdot (\beta_1 - \beta_2)}{2\pi} \tag{2-31}$$

当锥角满足绝热条件时，光纤锥区中不会发生模式转化，纤芯中传播的基模（LP_{01}模）全部耦合进入腰区。反之，当锥角不满足绝热条件时，基模的部分能量将转化为与其具有相同角向量子数的高阶 LP_{02}模以及传播常数与基模近似的 LP_{11}模，这部分能量无法进入腰区，最终将泄漏到周围环境当中，造成光能量损耗。因此满足绝热条件是确保光波在锥区低损耗传输的前提，锥角 Ω 是熔锥光纤的一项重要结构参数。

(二)光纤腰区的传输特性

利用电磁波的经典理论求解光纤腰区的传输特性，进而掌握其模场的分布规律，是利用它实现近场耦合的前提。

从 Maxwell 方程组出发，将熔锥光纤的腰区视为均匀折射率光纤的纤芯，空气为新的包层。要使光波在纤芯中以单模传输，模式参量 V 必须满足下列关系：

$$V = ak\left(n_1^{\,2} - n_2^{\,2}\right)^{\frac{1}{2}} \leqslant 2.405 \tag{2-32}$$

式中，n_1 为光纤纤芯的折射率；n_2 为光纤包层的折射率；a 为纤芯的半径；k 为光波在真空中的传播常数，$k=2\pi/\lambda$。将光纤的折射率 $n_1=1.45$、空气的折射率 $n_2=1.00$、传输光波长 $\lambda=1.55\mu m$，然后代入式(2-32)，通过计算得到，当光纤腰区的半径 $a\leqslant 0.565\mu m$ 时，即可满足单模传输条件。

用坡印廷矢量 S_z 的时间平均值表示沿光纤径向分布的光场强度，将光纤腰区的传输效率 η_f 定义为纤芯中导波模式的传输光能量与总光能量的比值，表征了光纤腰区对光能量的束缚能力：

$$\eta_f = \frac{\int_0^a S_{z1}\,dr}{\int_0^a S_{z1}\,dr + \int_a^\infty S_{z2}\,dr} \tag{2-33}$$

对于纤芯折射率 $n_1=1.45$，包层为空气介质 $n_2=1.00$ 的熔锥光纤腰区，规定其传输光波长 $\lambda=1.55\mu m$，通过式(2-33)，得到光纤腰区的传输效率随光纤半径的变化规律，如图 2-13 所示。

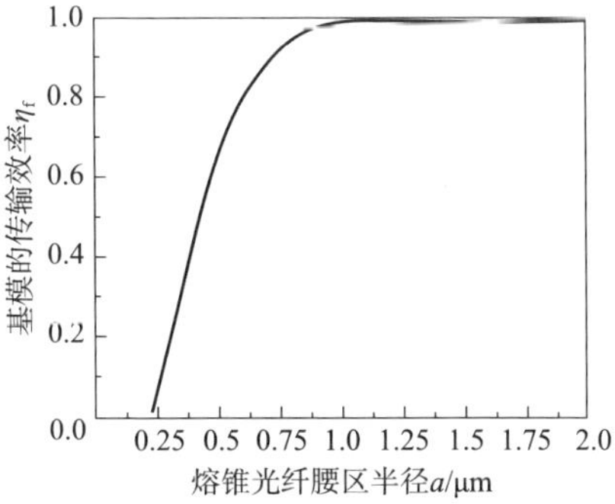

图 2-13 光纤腰区的传输效率随光纤半径的变化规律

图 2-13 揭示了光纤半径越小，η_f 的取值就越小，其表面倏逝场就有越强的规律。当光纤腰区的半径 a 达到 $0.565\mu m$ 时，腰区满足单模传输条件，此时倏

逝场能量占比约为 26%。倏逝场能量的增大有利于光纤腰区与 WGM 微腔耦合并实现光能量的交换。

熔锥光纤中光波的传输特性可以总结为：

(1) 当光纤锥区满足绝热条件时，光波能量的传输损耗最小。

(2) 当腰区半径小于 0.565μm 时，波长约为 1.55μm 的光波在腰区以单模特性传输。

(3) 光纤腰区半径越小，光波的倏逝场越强，有利于实现与其他光子器件的近场耦合。

二、熔锥光纤与 WGM 微腔的耦合机理

光耦合是光能量通过相互作用从一个器件向另一个器件传输的现象。光耦合要求微腔的表面倏逝场与光纤腰区的倏逝场空间重合，使光子从光纤进入微腔，其中满足谐振条件光子在微腔内可以形成稳定的驻波，而其余的光能量会通过耦合区再次回到光纤中。

微腔中的 WGM 与光纤腰区的光传输模式之间以耦合方式实现能量交换，其原理如图 2-14 所示。根据腔场动力学方程，耦合条件须满足：

$$\begin{cases}\dfrac{\mathrm{d}A}{\mathrm{d}t}=-\left(i\omega_0+\dfrac{\kappa_0+\kappa_{ex}}{2}\right)A-\sqrt{\kappa_{ex}}A_{in}\\ A_{out}=A_{in}+\sqrt{\kappa_{ex}}A\end{cases}\tag{2-34}$$

式中，A 为微腔中 WGM 的光波振幅，A_{in} 为输入光波的振幅，A_{out} 为输出光波的振幅，ω_0 为谐振光波的角频率，κ_0 为微腔的本征损耗，κ_{ex} 为微腔的耦合损耗。

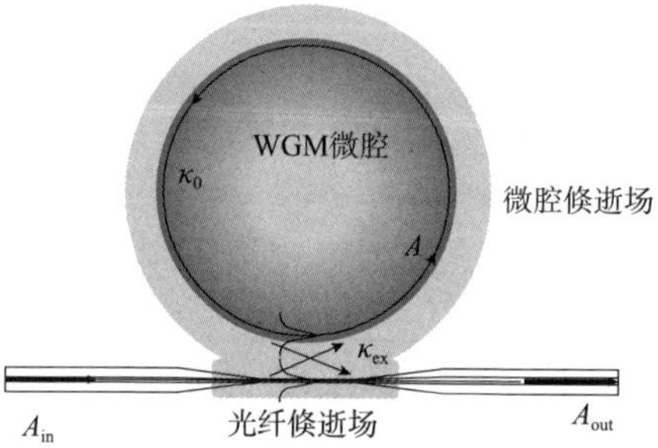

图 2-14　熔锥光纤与 WGM 微腔的耦合结构

根据输入输出关系，可以得到归一化的透射谱 T 的表达式：

$$T(\omega)=\left|\frac{A_{\text{out}}{}^{2}}{A_{\text{in}}{}^{2}}\right|=\frac{\Delta\omega^{2}+\left(\frac{\kappa_{0}-\kappa_{\text{ex}}}{2}\right)^{2}}{\Delta\omega^{2}+\left(\frac{\kappa_{0}+\kappa_{\text{ex}}}{2}\right)^{2}} \tag{2-35}$$

式中，$\Delta\omega=\omega-\omega_0$。根据式(2－35)，光纤输出端的透射谱 T 呈现以 ω_0 为中心的 Lorentz 线形，如图 2－15 所示。

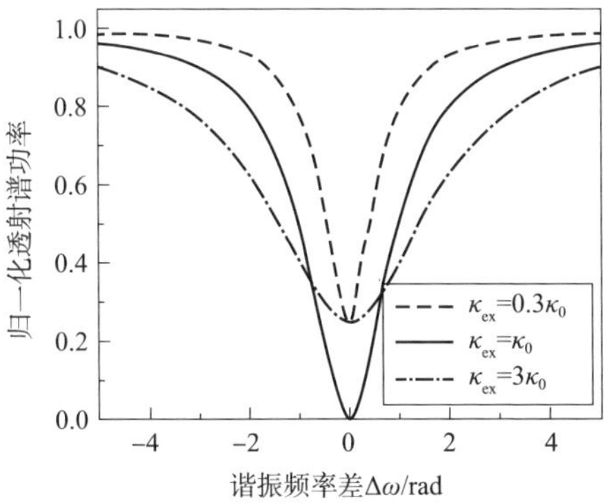

图 2－15　不同耦合损耗下的归一化透射谱

从图 2－15 可知，微腔与熔锥光纤的耦合效率取决于 κ_0 和 κ_{ex} 的差值。两者的耦合条件建立在光纤与微腔能量分配的基础上。当光纤与 WGM 微腔的距离超过它们的倏逝场透射深度时，光波无法通过耦合作用进入微腔。之后，随着两者逐渐靠近，耦合损耗发生改变，一部分光波进入微腔，透射谱的功率略有下降，达到欠耦合($\kappa_{\text{ex}}<\kappa_0$)条件。随着两者继续靠近，耦合损耗等于微腔的本征损耗时，进入微腔的光在传输一个周期后相位发生 π 的变化，与腰区传输的光能量完全干涉相消，透射功率降为 0，达到临界耦合($\kappa_{\text{ex}}=\kappa_0$)条件。之后，若耦合损耗进一步变化，从微腔返回光纤的光能量增多使透射功率再次提高，达到过耦合($\kappa_{\text{ex}}>\kappa_0$)条件，相比欠耦合，此时的透射谱在谐振波长附近具有更大的光谱带宽。

简言之，微腔与光纤腰区的耦合条件决定了透射光谱的线型：临界耦合条件下的传输光谱具有最尖锐的谱线特征，是激发 WGM 最理想的状态。然而，临界耦合条件对光纤与微腔的间距要求极为严格(几十纳米到几百纳米)，操作难度高，系统稳定性差。因此在实际应用中，允许将光纤与微腔完全接触，达成过耦合条件，以保证耦合系统具有最佳的结构稳定性。

三、影响熔锥光纤与 WGM 微腔耦合的关键因素

根据耦合模理论，光纤与 WGM 光场的空间重合度 P 的表达式为：

$$P = \frac{\omega\Delta\varepsilon}{4}\int E_{\mathrm{f}} \cdot E_{\mathrm{s}} \mathrm{e}^{i\Delta\beta z}\mathrm{d}V \tag{2-36}$$

式中，$\Delta\varepsilon$ 为光纤与微腔的介电常数之差；E_{f} 为光纤中参与耦合的模场；E_{s} 为微腔中参与耦合的模场；$\Delta\beta$ 为光纤与微腔的传播常数之差。

$$\Delta\beta = \beta_{\mathrm{s}} - \beta_{\mathrm{f}} \tag{2-37}$$

式中，β_{s} 为微腔的传播常数；β_{f} 为光纤的传播常数。

分析式(2-36)可以发现，模场 E_{f} 和 E_{s} 之间存在一个沿光纤传播方向 z、周期为 $2\pi/\Delta\beta$ 呈正弦变化的相位差，这一相位差的存在不利于光纤与微腔之间建立能量交换条件。因此相位匹配理论指出：当 $\Delta\beta=0$ 时，光纤与微腔中传播的模场将达到最佳的耦合条件，故在此需要分析影响 β_{s} 和 β_{f} 的关键因素。

(一) WGM 微腔的传播常数 β_{s}

WGM 微腔中不同的模式具有不同的传播常数，由于基模便于耦合和调控，因此根据微腔表面电磁场的解，在此给出基模传播常数的数学表达式：

$$\beta_{\mathrm{s}} = \frac{2\pi}{\lambda} \cdot \frac{l}{x_{\mathrm{qlm}}} \tag{2-38}$$

式中，λ 为光波长；l 为角向模式数；x_{qlm} 为微球的尺度参数。对于半径 $R_0 \gg \lambda$ 的微球谐振腔，x_{qlm} 可以用渐进方程表达：

$$x_{\mathrm{qlm}} \approx \frac{l+\frac{1}{2}}{n_{\mathrm{s}}} - \frac{\zeta_n}{n_{\mathrm{s}}}\left(\frac{l+\frac{1}{2}}{2}\right)^{\frac{1}{3}} + \sum_{k=0}^{k_{\max}} \frac{d_k(n_{\mathrm{s}},\zeta_n)}{\left(l+\frac{1}{2}\right)^{\frac{k}{3}}\left(n_{\mathrm{s}}^{2}-1\right)^{\frac{k+1}{2}}} \tag{2-39}$$

式中，n_{s} 为微球的折射率，ζ_n 为 Airy 函数的第 n 个零点，对于回音壁模式的基模，n 取值为 0。取 $k_{\max}=2$，则微球的 TE 偏振模系数 $d_k(n_{\mathrm{s}},\ \zeta_n)$ 为：

$$\begin{cases} d_0 = -1 \\ d_1 = \dfrac{2^{\frac{1}{3}} \cdot 3(n_{\mathrm{s}}^{2}-1) \cdot \zeta_n^2}{20n_{\mathrm{s}}} \\ d_2 = \dfrac{2^{\frac{2}{3}} n_{\mathrm{s}}^{2} \cdot \zeta_n}{6} \end{cases} \tag{2-40}$$

将式(2－40)代入式(2－39)中，取谐振波长 $\lambda=1.534\mu m$，微球折射率 $n_s=1.367$，建立 WGM 微腔的传播常数 β_s 与微腔半径 R 的关系，如图 2－16 所示。这一关系在 R 趋于无穷大时，传播常数的解趋近于光波在块体波导材料中的传播常数 $\beta_p=2\pi_{neff}/\lambda$。

(二)熔锥光纤的传播常数 β_f

求解光纤的本征方程可以推导出熔锥光纤腰区基模的传播常数 β_f 的近似表达式。

$$\beta_f=\sqrt{k^2n_f^2-\frac{2.405^2}{a}} \tag{2-41}$$

式中，k 为光波在真空中的传播常数，$k=2\pi/\lambda$；n_f 为熔锥光纤的折射率；a 为熔锥光纤的腰区半径。

在谐振波长 $\lambda=1.534\mu m$，光纤折射率 $n_f=1.450$ 的情况下，将式(2－41)以图 2－16 表示，可知传播常数 β_f 正比于光纤腰区的半径 a。这一方程在 a 趋于无穷大时，传播常数也近似等于光波在块体波导材料中的传播常数 $\beta_p=2\pi n_{eff}/\lambda$。

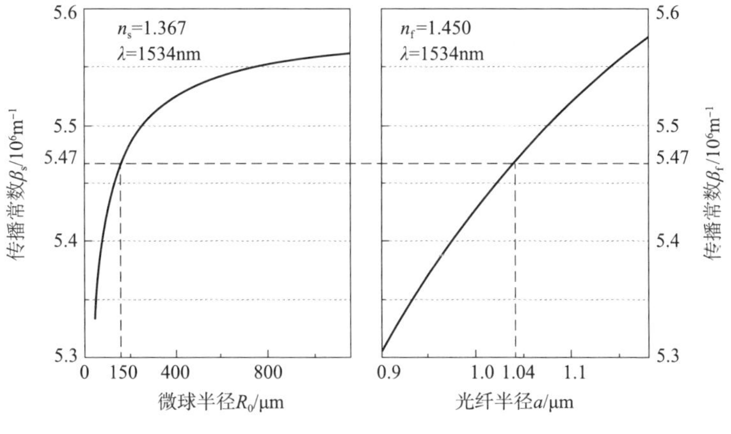

图 2－16　WGM 基模与熔锥光纤腰区的传播常数

根据 WGM 微腔的最佳耦合条件：$\Delta\beta=0$，以半径为 150μm 的 WGM 微腔为例，计算得到其传播常数为 $5.47\times10^6m^{-1}$，若要激发此微腔的 WGM 基模，所需熔锥光纤的腰区半径应为 1.04μm。

表 2－2 列举了为激发不同半径的 WGM 微腔所需要的熔锥光纤的半径。表 2－2 中，熔锥光纤半径的取值范围仅为 0.92～1.10μm。这一半径变化范围十分有限，因此也进一步降低了熔锥光纤的调控难度，在制备过程中仅需使光纤腰

区半径小于0.9μm即可，随后在光纤与微球耦合的构成中，可以在半径缓慢变化的锥区寻找与微腔半径相匹配的耦合位置。在具体操作时，通过控制WGM微腔沿光纤轴向缓慢移动，同时观察光纤输出的谐振光谱，就可以找到最佳耦合区，使微腔与光纤具有相同的传播常数，达到最佳耦合条件。

表2-2　微腔半径与光纤半径的相位匹配对照表　　单位：μm

微腔半径	50	100	150	200	250	300
光纤半径	0.92	1.00	1.04	1.06	1.08	1.10

综上所述，若要实现WGM的最优激发效果，需要满足以下基本条件：

(1)熔锥光纤的锥角需满足绝热条件、腰区半径应小于0.92μm。在此基础上，若半径达到0.565μm，则光波在腰区具有单模传输的特性。

(2)光纤的倏逝场与WGM微腔的倏逝场应达到空间重合的状态。若能进一步满足临界耦合条件，则传输光谱在谐振频率处功率为0，该频率的光子被完全囚禁在微腔当中。

(3)通过沿光纤轴向调整WGM微腔的位置，找到满足相位匹配条件的光纤半径所在的区域，即可达到WGM的耦合常数匹配要求。

第四节　WGM微腔的传输光谱及特征参数

利用熔锥光纤与WGM微腔建立起光学近场耦合系统后，将一束宽带光注入光纤中，由于WGM对光波长具有选择作用，因此耦合系统的输出光谱将发生变化。光谱的核心特征参数包括谐振波长、自由光谱范围和品质因数。

一、谐振波长

通过WGM的几何光学和波动光学传输理论可知，谐振波长λ_{res}可以表示为：

$$\lambda_{res}=\frac{2\pi R_0 n_s}{l} \tag{2-42}$$

式中，R_0为微腔的半径；n_s为微腔的折射率；l为微腔的模量，取值为整数。该公式表明λ_{res}取决于R_0和n_s，当这两个物理参数发生变化时，λ_{res}将会发生偏移。

根据波长与角频率的关系$\lambda=\frac{C}{\omega}$，改写式(2-35)，可得：

$$T(\lambda)=\frac{(\lambda-\lambda_{res})^2+\left(\frac{\kappa_0-\kappa_{ex}}{2}\right)^2}{(\lambda-\lambda_{res})^2+\left(\frac{\kappa_0+\kappa_{ex}}{2}\right)^2} \tag{2-43}$$

联立式(2－42)和式(2－43)，并使 l 取值为一组连续的正整数，得到 WGM 微腔的传输光谱，如图 2－17 所示。图 2－17 中，光谱具有明显的 Lorentz 线形和周期分布的梳状光谱特征。

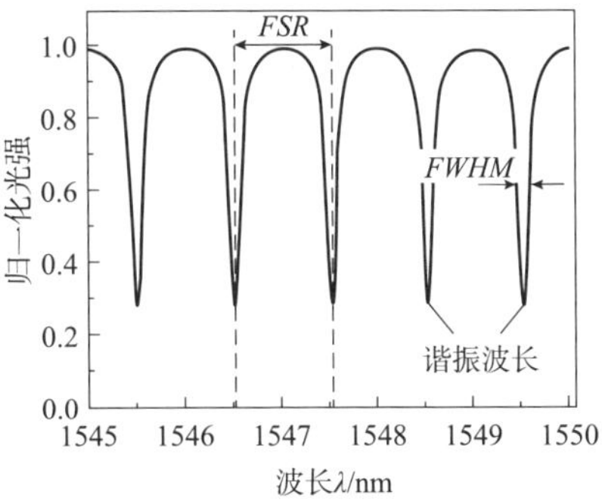

图 2－17　WGM 微腔的谐振光谱示意图

二、自由光谱范围

自由光谱范围(Free Spectral Range，*FSR*)是谐振光谱中两个相邻的谐振波长的差值，根据谐振波长的定义，自由光谱范围的表达式为：

$$FSR=\lambda_l-\lambda_{l+1}\approx\frac{\lambda_l^2}{2\pi R_0 n_s} \tag{2-44}$$

式(2－44)说明谐振光谱的 *FSR* 是微腔半径 R_0、折射率 n_s 以及谐振波长 λ 的函数。

三、品质因数

品质因数也被称作 Q 值，是微腔中存储的能量和每个光学周期中耗散能量的比值，用来表征光学谐振腔的损耗。Q 值越高，微腔的损耗就越小，光与微腔的作用时间也会相应地延长。Q 值可以表示为谐振波长与该波长处半峰全宽(*FWHM*)的比值：

$$Q=\frac{\lambda_{res}}{FWHM}\propto\frac{2\pi R_0\beta}{\kappa_0} \tag{2-45}$$

通过式(2－45)可知，该特征参数与微腔的本征损耗 κ_0 成反比。

综上，WGM 微腔的传输光谱主要受到微腔等效折射率、半径、本征损耗等因素的影响，因此对谐振光谱进行检测与分析可以反映微腔物理特性的变化情况，这也是利用谐振光谱进行物理量传感的基础。

本章通过研究 WGM 的传输特性和模场分布，得到了 WGM 基模能量主要以导波模式存在于腔内的分布特征。分析了熔锥光纤的传输特性，获得了熔锥光纤激发 WGM 基模的最佳耦合条件，掌握了两者半径匹配、倏逝场重合的耦合系统构建原则。在此基础上，理论分析了 WGM 微腔的传输光谱特性，建立了光谱特征参量(谐振波长、自由光谱范围、品质因数)的数学表达式，进而得到了微腔折射率、半径、传输损耗等对谐振光谱的影响规律，明确了谐振光谱是能够反映微腔结构与成分等物理特性变化的重要信息载体。

第三章　基于自组装微球谐振腔的氢气传感技术

本章着重介绍了基于自组装微球(self-assembly microsphere, SAM)的本征型和钯修饰型(Pd-SAM)两种传感器对氢气的传感机理；分析总结了传感器的结构参数对氢气检测性能的影响规律；总结了这两种传感器的制备方法；通过实验测试了它们对于氢气的定量识别能力，为进一步研制系列化的多组分气体自组装传感器奠定了理论与应用基础。

第一节　氢气传感技术的研究意义与发展现状

一、氢气传感技术的研究意义

氢气是自然界中普遍存在的一种气体，氢气检测技术在新能源、地震预报、电力行业等诸多领域有着广泛而重要的技术需求。

在新能源领域，2023 年，我国的制氢产量约 3300 万吨，成为世界最大制氢国。到 2035 年，我国计划建成涵盖交通、储能、工业等领域的多元氢能应用体系。国家对氢能技术研发高度重视，在“十四五”规划中提出了 25 项“氢能技术”重点专项。氢气具有极高的燃烧热能，是一种“零碳排”绿色能源，对“双碳”目标达成具有重要作用，被誉为 21 世纪的“终极能源”。与此同时，氢能还可作为能源转存介质，解决电力供需峰谷矛盾问题：我国有着丰富的水电、风电、核电资源，但峰谷用电不均导致电力过剩与短缺并存，利用余电制氢，可以有效地储存余电、废电，实现时间与空间的能源缺余互补。目前，围绕氢能已经发展出了新兴的能源产业链，但是氢能的使用仍面临着巨大的安全问题：氢分子直径小、密度低、渗透性强，易引发设备氢损伤，导致泄漏风险剧增。当氢气在空气中的体积浓度位于4.0% ~75.6%范围时会有爆炸的危险。氢气同时还具有反 Joule-Thomson 效应(泄漏导致气体升温),易达到闪爆条件,产生巨大破坏。因此,在氢气的制造、纯化、储存、能量转化等生产流程中,需要时刻监测氢气的泄漏状况。此外,核电站的运转过程中也会产生氢气,1986 年的切尔诺贝利事件和 2011 年福岛核泄漏事件均与氢气爆炸有关,造成了空前的灾难。由此可见,能源领域对氢气检测技术有着迫切的需求。

在地震的短期临震预报方面,氢气作为一种标志性气体发挥了重要作用。研究表明,在临震前的 10 ~40 天里,震源附近空气中的氢气浓度会突然增大数万倍,这一现象与异常的地壳活动紧密相关。日本的 Wakita 等人和中国地震局的科研人员先后监测了日本山崎断层和中国汶川断层,证实了断层中的氢气浓度与裂缝密度具有正相关关系。因此,氢气传感技术有望在地质灾难预警,特别是解决地震短期临震预报这一世界性难题方面发挥其令人瞩目的技术优势。

在电力系统中,同样需要监测以氢气为代表的特征气体。油浸式电力设备在发生低能量故障(如局部放电、暴露于电弧中或过热达到500℃)时,绝缘油中的 C—H 键(338kJ/mol)会发生断裂,氢离子会重新化合产生氢气。针对氢气的定性及定量检测可以反映此类设备的运行状态,因此氢气传感技术对于电力设备的故障诊断、寿命预估、设备维护具有重要意义。

上述对氢气传感技术典型应用领域的举例说明了氢气传感技术有着重要的科学和应用价值。这些应用领域也对氢气传感技术提出了量程更大、最低检测限更低、灵敏度更高、安全性好等要求。目前尽管电学类型的氢气传感器已经有了成熟的产品问世,但它在工作过程中,由于高温、静电、尖端放电、线路老化等原因,容易引发氢气爆炸,测量过程本身具有安全隐患,降低了该类器件在可燃气体环境中应用的安全性。此外,电类传感器必须利用电源供电,因此在野外以及井下等极端环境中难以应用。与之相比,光纤传感器以光波作为传感信号,无须现场供电,这一特点赋予了它极佳的防爆性能,对构建安全、可靠的氢气传感系统具有重要意义,是未来氢气传感技术的主要发展方向,得到了越来越多的关注。

二、光学氢气传感技术的研究现状

光学氢气传感器的典型结构包括:光纤微镜、光纤 F-P 干涉仪、光纤光栅、光纤表面等离子体、光纤谐振腔等。通过向这些传感结构表面涂覆氢敏材料,可以实现氢气检测。此类传感器的灵敏度主要取决于氢敏材料的涂覆厚度,以及传感结构对氢敏材料吸氢后产生的膨胀、放热及折射率等物理/化学变化的响应程度。按照器件的结构不同，光纤氢气传感器主要分为干涉型氢气传感器、反射式光纤氢气传感器、WGM 微腔氢气传感器、光纤 Bragg 光栅氢气传感器、倏逝场光纤氢气传感器等。经过近年来的研究与发展，这些传感器的性能指标也在不断优化和进步。

干涉型氢气传感器利用氢敏材料吸氢后腔长发生改变的特性影响干涉条纹实现传感功能。2013 年，武汉理工大学的研究人员将钯材料与 F-P 干涉仪相结合，获得了2% ~8% 的氢气测量量程以及 18.75pm/% 的测量灵敏度。2022 年，深圳大学廖常锐等人利用双光子聚合在光纤端面通过 3D 打印技术制造微型悬臂梁，通过悬臂梁表面钯(Pd)膜吸氢膨胀，实现了灵敏度为 3.75nm/% 的光纤氢气微探针。反射式光纤氢气传感器则是利用氢敏材料吸收氢气后折射率发生变化从而影响反射光强实现传感功能。2013 年，英国 Cranfield 大学的 Sahar A 等人在光纤球形镜表面镀钯合金制作了一种氢气探针，这一传感器的结构稳定性好，可用于检测 $1\times10^{-6}\sim1\times10^{-2}$的氢气浓度变化。WGM 微腔氢气传感器主要是利用钯吸氢后体积膨胀改变微盘的半径进而影响谐振波长实现传感功能。2014 年，土耳其 Koc 大学的 M Eryurek 等人制备了这种结构的传感器，获得了 0.3% ~4% 的量程和 32pm/% 的灵敏度。光纤 Bragg 光栅氢气传感器利用氢敏材料体积膨胀拉伸栅区改变其工作波长实现传感功能。2015 年，葡萄牙 Porto 大学的 Coelho 等人将钯材料镀在光纤 Bragg 光栅表面，获得了 0 ~1% 的氢气测量量程和 20pm/% 的测量灵敏度。2023 年中国计量大学的 Shen 利用倾斜光纤光栅 Ghost 模式感应 Pd-Au 薄膜吸氢的折射率变化，实现了最低检测限 0.07% 的高灵敏氢气识别。倏逝场光纤氢气传感器则是利用氢敏材料折射率变化改变光波导中传输的光强实现传感功能。2019 年，东北大学的 Ning Gao 等人将钯纳米颗粒与 PMMA(聚甲基丙烯酸甲酯)材料混合涂覆在无包层光纤上，利用倏逝场效应得到了 0.2% ~1% 的氢气测量量程。然而，基于 Pd 膜吸氢膨胀原理的传感器，通常其测量范围被局限在 0 ~4% 之内。这是由于 Pd 膜与低浓度氢气反应后会形成 α 相的 PdH_x，随着环境中氢浓度的增长并超过 4% 时，这一材料发生 α 至 β 的相变过程，导致内部晶格破裂，薄膜失效。

另一类光纤氢气传感器则基于温度变化机制实现，如铂(Pt)负载的 WO_3 材料一旦与氢分子相互作用，就可以发生化学反应，并向外部释放热能，从而对光纤中传输的光波进行调制。然而此类传感器容易受环境温度变化的影响，出现误报、漏报的情况。

综上，尽管科研人员围绕光学氢气传感技术展开了广泛的研究，但它目前仍面临着量程窄、灵敏度低、交叉敏感现象突出和稳定性差等瓶颈问题，这也是光纤氢气传感技术当前面临的主要挑战。

第二节　本征型自组装微球谐振腔的氢传感机理

前文中，SAM 已经被证实是一种具有介孔结构的自组装器件，因此当环境中的氢气浓度发生变化时，由于 SAM 的介孔结构对氢气具有物理吸附作用，进而影响了它的谐振波长，故只需检测谐振波长的变化量就可以得到待测氢气的浓度。下面从本征型 SAM 对氢气吸附的物理过程、本征型 SAM 的等效折射率随氢气浓度的变化规律、本征型 SAM 的谐振波长随氢气浓度的变化规律以及本征型 SAM 传感器性能的主要影响因素四个方面对传感机理进行详细分析。

一、本征型 SAM 对氢气吸附的物理过程

吸附是气体或溶质被吸着在固体或液体物质表面的现象。由于氢气分子呈电中性，不会与 SAM 产生化学键的结合，因此本征型 SAM 对氢气分子的吸附是一种物理吸附。在此，以 1 颗 SiO_2 纳米颗粒作为对象进行分析，可以将它视作由内部分子与表层分子组成的一个整体，如图 3－1 所示。不同于材料内部分子受力为零的情况，对于任意一个位于表层的 SiO_2 分子而言，它的一侧是密度极大的固体 SiO_2 分子，另一侧是密度极低的气体分子，导致它受到周围分子吸引力的合力不为零。这使得 SiO_2 表层的所有分子都具有很大的吉布斯自由能，趋向捕获环境中的其他气体分子，进而平衡其受力情况，也因此实现了 SAM 对氢气的物理吸附。

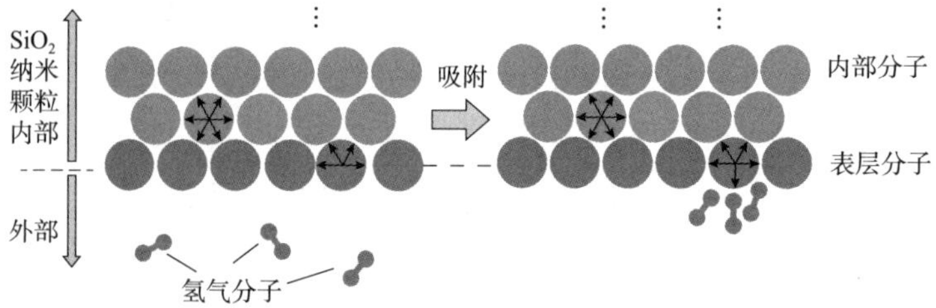

图 3－1　SAM 对氢气吸附的物理过程

通过物理吸附捕获的氢气分子也很容易脱附，具体而言，在 SAM 的所有表面上，氢气分子的吸附和脱附过程时刻进行着，当两者速率相等时，达到动态吸附平衡。此时，单位面积上氢气分子的吸附量取决于环境中氢气的浓度。

二、本征型 SAM 的等效折射率随氢气浓度的变化规律

在第一章中，笔者已经推导了 SAM 的等效折射率 n_s 的简化数学表达：

$$n_s = \eta \cdot n_p + (1-\eta) n_h \tag{3-1}$$

式中，η 为 SiO_2 纳米颗粒在 SAM 中的体积填充比；n_p 为 SiO_2 纳米颗粒的折射率；n_h 为 SAM 内部孔隙的折射率。式(3－1)说明 SAM 的等效折射率会随着孔隙折射率的增大而上升。

格拉德斯通－戴尔关系(Gladston-Dale Relation)描述了气体的折射率与气体密度之间的线性比例关系。根据这一理论，SAM 内部孔隙的折射率可以表示为：

$$n_h = 1 + P_{gas} \cdot \rho \tag{3-2}$$

式中，P_{gas}为气体的格拉德斯通－戴尔常数；ρ 为气体的密度。式(3－2)表明孔隙的折射率将随孔隙中气体密度的增大而升高。

(一)SAM 吸附氢气前后的等效折射率

当 SAM 处在自然环境当中时，SAM 孔隙中填充的是空气。将式(3－2)代入式(3－1)中，得到自然环境中 SAM 的等效折射率的数学表达式：

$$n_s = \eta \cdot n_p + (1-\eta)(P_{air}\rho_{air} + 1) \tag{3-3}$$

式中，P_{air}为空气的格拉德斯通－戴尔常数；ρ_{air}为空气的密度。由于空气的密度在自然条件下近似为一个定值，式(3－3)可以作为 SAM 的初始折射率。

若 SAM 所在的自然环境中存在氢气，氢气将通过物理吸附作用进入 SAM 内部孔隙中。此时 SAM 的等效折射率为：

$$n_s = \eta \cdot n_p + (1-\eta)(P_{air}\rho_{air} + P_{H_2}\rho_{H_2} + 1) \tag{3-4}$$

式中，P_{H_2}为氢气的格拉德斯通－戴尔常数；ρ_{H_2}为氢气在 SAM 孔隙中的吸附密度。

通过对比式(3－3)和式(3－4)可以发现，SAM 的等效折射率在吸附氢气前后的变化量 Δn_s 为：

$$\Delta n_s = (1-\eta) P_{H_2} \cdot \rho_{H_2} \tag{3-5}$$

显然，Δn_s 与氢气的吸附密度 ρ_{H_2}成正比，根据密度的计算公式，ρ_{H_2}可以表示为：

$$\rho_{H_2}=\frac{aS}{(1-\eta)V}=\frac{a}{1-\eta}\eta_{S/V} \tag{3-6}$$

式中，a 为单位面积的 SAM 对氢分子的吸附量；S 为 SAM 的总表面积；V 为 SAM 的体积；$\eta_{S/V}$为 SAM 的比表面积。

进一步地，由于本征型 SAM 对氢气的吸附是一种物理吸附过程，而物理吸附往往具有多分子层的吸附特点，因此单位面积的 SAM 对氢分子的吸附量 a 可由多分子层吸附的 BET 理论方程表示：

$$a=a_m\frac{P\cdot C_{H_2}}{(1-C_{H_2})(1-C_{H_2}+P\cdot C_{H_2})} \tag{3-7}$$

式中，a_m 为 SAM 单位面积上氢分子单层饱和吸附量；P 为氢气的吸附常数，由氢气的汽化热决定；C_{H_2}为环境中的氢气浓度。根据式(3－7)可以推导出单位面积的 SAM 对氢分子的吸附量 a 随氢气浓度 C_{H_2}增大而单调上升。

将式(3－6)和式(3－7)代入式(3－4)中可以得到氢气环境下 SAM 的等效折射率的数学表达式：

$$n_s=\eta\cdot n_p+(1-\eta)\left[P_{air}\rho_{air}+P_{H_2}\frac{\eta_{S/V}}{1-\eta}\cdot a_m\frac{P\cdot C_{H_2}}{(1-C_{H_2})(1-C_{H_2}+P\cdot C_{H_2})}+1\right] \tag{3-8}$$

式(3－8)表征了 SAM 的等效折射率随氢气浓度的变化规律。

(二)SAM 的等效折射率随氢气浓度变化规律的仿真研究

以下对氢气环境下 SAM 的等效折射率进行仿真分析，仿真参数的取值如表 3－1 所示。

表 3－1　SAM 的等效折射率的仿真参数表

参数	取值
SiO_2 纳米颗粒的体积填充比 η	0.74
SiO_2 纳米颗粒的折射率 n_p	1.475
空气的密度 ρ_{air}/(mol/cm^3)	4.08×10^{-5}
空气的格拉德斯通－戴尔常数 P_{air}/(cm^3/mol)	7.353
氢气的格拉德斯通－戴尔常数 P_{H_2}/(cm^3/mol)	2.583
SAM 的比表面积 $\eta_{S/V}$/m^{-1}	1.86×10^8
单位面积氢分子单层饱和吸附量 a_m/nm^2	15.35×10^{-2}
氢气的吸附常数 P/(mol/L)	3

表3－1 中，体积填充比 η 和 SAM 的比表面积 $\eta_{S/V}$ 均由 SAM 的微纳结构决定。在前文中已经对 SAM 微纳结构进行了详细的分析，得到了体积填充比和 SAM 比表面积的数学表达式。其中，体积填充比由 SAM 中纳米颗粒的排列结构决定，当纳米颗粒主要以面心晶格结构排列时，体积填充比 $\eta=0.74$。而 SAM 比表面积取决于纳米颗粒的粒径，在本章的研究中，假设选用粒径为 20nm 的 SiO_2 颗粒，通过计算得到 SAM 的比表面积 $\eta_{S/V}=1.86\times10^8 m^{-1}$。

将表 3－1 中的仿真参数代入式(3－8)，得到 SAM 的等效折射率随氢气浓度的变化规律，如图 3－2 所示。图3－2 中，SAM 的等效折射率与环境中氢气浓度之间呈近似线性的正比例关系：氢气浓度越高，SAM 的等效折射率越大。因此，结合 WGM 模式谐振光谱的数学表达式可知，SAM 的谐振波长将会随等效折射率的变化而改变。

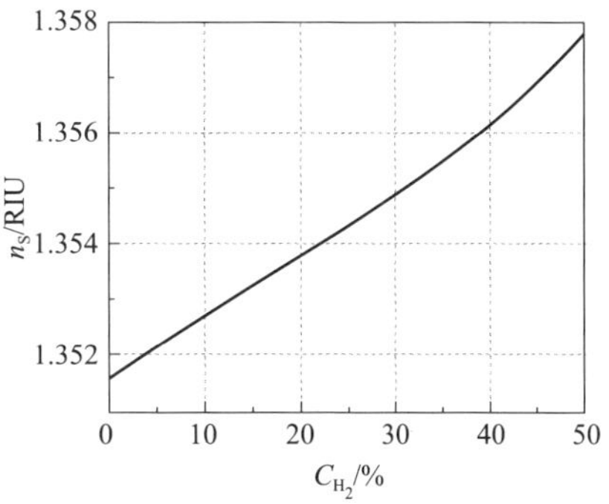

图3－2 SAM 的等效折射率随氢气浓度的变化规律

三、本征型 SAM 的谐振波长随氢气浓度的变化规律

在第二章中，已给出了 WGM 谐振波长的数学表达式：

$$\lambda_{res}=\frac{2\pi R_0 n_S}{l} \tag{3-9}$$

式中，λ_{res}为谐振波长；R_0 为 SAM 的半径；n_S 为 SAM 的等效折射率；l 为 SAM 的模量。

将式(3－8)代入式(3－9)可以得到谐振波长与环境中氢气浓度 C_{H_2} 的关系为：

$$\lambda_{res}=\frac{2\pi R_0}{l}\left\{\eta\cdot n_p+(1-\eta)\left[P_{air}\rho_{air}+P_{H_2}\frac{\eta_{s/v}}{1-\eta}\cdot a_m\frac{P\cdot C_{H_2}}{(1-C_{H_2})(1-C_{H_2}+P\cdot C_{H_2})}+1\right]\right\} \tag{3-10}$$

式(3－10)即为本征型 SAM 对氢气浓度的传感方程。

以下对式(3－10)进行仿真分析。将 SAM 的工作波长规定在 1550nm 附近。由于 WGM 微腔对尺寸的要求一般是 50～300μm，在此分别以半径为 50μm、

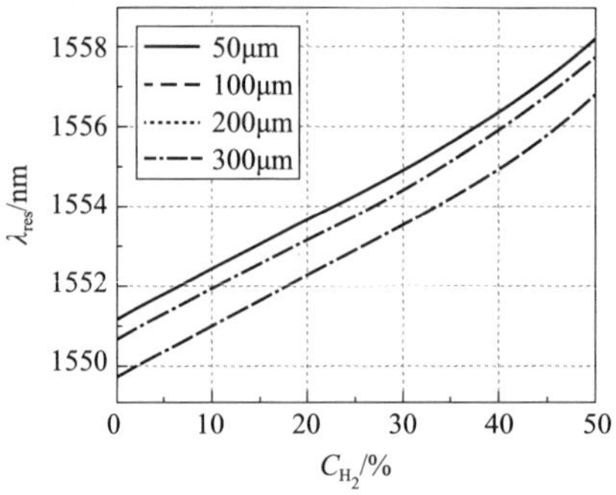

图 3－3　SAM 的谐振波长随氢气浓度的变化规律

100μm、200μm、300μm 的 SAM 为例，利用表 3－1 中的仿真参数建立 SAM 的谐振波长随氢气浓度的变化规律，如图 3－3 所示(图 3－3 中 100μm 和 200μm 的曲线重合在一起)。

通过图 3－3，可以发现：

(1) 当环境中的氢气浓度升高时，SAM 的谐振波长将沿长波长方向移动，反之，则沿短波长方向移动。

(2)谐振波长与氢气浓度之间具有近似线性的变化规律，这一规律对不同半径的 SAM 均适用。

(3)不同半径的 SAM 具有不同的传感器的零位，这一差别源于 WGM 的谐振条件。具体而言，谐振条件要求光波在 SAM 中传播一个周期的光程必须是波长的整数倍，导致在不同半径的 SAM 中，满足谐振条件要求的谐振波长不完全相同，因此传感器的测量零位存在差异。

SAM 对氢气的敏感机理可以总结如下：SAM 具有较大的比表面积，能够大量吸附环境中的待测气体，从而大幅度提高气体分子在 SAM 中的聚集密度，由此导致 SAM 的等效折射率发生变化。由于光在 SAM 中传播具有回音壁模式，因此光子在腔内沿 WGM 轨道往复传播的过程中，与被测氢气反复作用，最终导致 WGM 的谐振波长改变。通过理论推导，谐振波长的变化量与环境中氢气浓度呈近似线性的正比例关系，即环境中氢气浓度越高，SAM 孔隙中吸附的氢气密度越大，SAM 的等效折射率的变化就越明显，由此促进了谐振波长的漂移量增大。

综上，SAM 的孔隙结构使其具有较大的比表面积，从而增强了对被测气体的吸附能力；同时 SAM 的回音壁光传输模式，使得光能够与被测气体反复作用，提高了 SAM 对气体的敏感性。因此，SAM 所具有的多孔隙结构，以及其独特的光传输模式使得其在气体传感领域具有很强的技术应用潜力。

四、本征型 SAM 传感器性能的主要影响因素

本征型 SAM 传感器的性能主要取决于 SAM 的传感结构特征，而 SAM 的结构参数主要包括 SiO_2 纳米颗粒的粒径和 SAM 的半径。以下重点分析它们对传感器测量灵敏度和量程的影响机制。

(一)影响传感器测量灵敏度的主要因素及规律

根据传感方程式(3－10)，结合表3－1中的仿真参数，并将SiO_2纳米颗粒的粒径设定为20nm。通过数值计算，得到在不同的SAM半径情况下，传感器输出谐振波长λ_{res}随被测氢气浓度C_{H_2}的变化规律，如图3－4(a)所示。由该图可知，SAM的半径不会影响传感器的测量灵敏度。分析其原因在于，通过式(3－6)和式(3－8)可以发现，SAM对氢气的吸附密度是引起其等效折射率变化进而导致谐振波长漂移的直接原因，而SAM半径的大小并不会改变SAM对氢气的吸附密度，因此不会影响传感器的测量灵敏度。

进一步地，将SAM的半径设定为50μm，针对不同的SiO_2纳米颗粒粒径，计算SAM传感器输出谐振波长λ_{res}随氢气浓度C_{H_2}的变化规律，如图3－4(b)所示。由该图可知，传感器的测量灵敏度会随着SiO_2纳米颗粒粒径减小而增大。分析原因在于，第一章已经推导了SiO_2纳米颗粒粒径与SAM比表面积$\eta_{S/V}$的关系：

$$\eta_{S/V}=6\Omega\phi^{-1} \tag{3-11}$$

式中，Ω为有效表面积系数；ϕ为SiO_2纳米颗粒粒径。

根据式(3－11)可知，SiO_2纳米颗粒的粒径越小，SAM的比表面积越大。结合式(3－6)可知，当SAM的比表面积增大时，它对氢气的吸附总量就会增高，传感器的测量灵敏度也会随之升高。

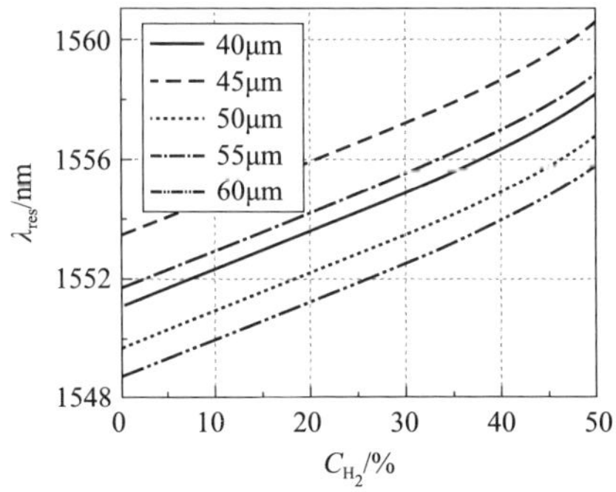

(a)不同半径的SAM对氢气浓度的响应

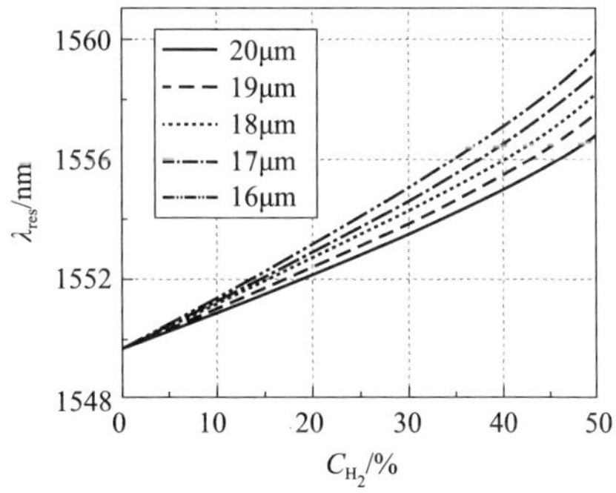

(b)不同粒径的SAM对氢气浓度的响应

图3－4　SAM的测量灵敏度随SAM结构参数的变化规律

但是，SiO_2的粒径不可以无限制地减小，因为当粒径减小时SAM的孔隙尺寸也会缩小。为保证氢分子能够进入SAM的孔隙，SAM最小孔径$\phi_{P_{min}}$必须大于氢分子的长度L_{H_2}(0.289nm)。根据SAM孔径的计算公式[式(1－22)～式(1－27)]可知，SAM的最小孔径$\phi_{P_{min}}$应为：

$$\phi_{P_{min}} = 0.155\phi \tag{3-12}$$

将 $\phi_{P_{min}}$ 以氢分子的长度 L_{H_2} 表示，对式(3－12)求解得到了满足氢气吸附条件的最小 SiO_2 纳米颗粒粒径 ϕ 为 1.86nm。

因此，综合考虑 SAM 的结构参数对其测量灵敏度的影响以及 SAM 最小孔隙条件，SAM 的优化结构参数 SiO_2 纳米颗粒粒径 $\phi \geqslant 1.86$nm。当 $\phi = 1.86$nm 时，根据式(3－11)可知，对应的 SAM 比表面积约为 $2.0 \times 10^9 m^{-1}$。

(二)影响传感器量程的主要因素及规律

本征型 SAM 传感器对氢气浓度的响应体现在谐振波长的变化，谐振波长变化量越大意味着环境中氢气浓度越高，因此当传感器的测量灵敏度一定时，*FSR* 越大，传感器的量程范围越宽。在第二章中已经给出了 *FSR* 的数学表达式：

$$FSR \approx \frac{\lambda^2}{2\pi R_0 n_s} \tag{3-13}$$

式中，λ 为传感器的工作波长；R_0 为 SAM 的半径；n_s 为 SAM 的等效折射率。式(3－13)表明本征型 SAM 传感器的 *FSR* 会随着其半径 R_0 的减小而增大。这意味着可以通过减小 SAM 的半径来扩展传感器的量程范围；但是，受米氏散射效应的影响，本征型 SAM 的尺寸在达到波长量级时对光波将产生严重的散射损耗，因此，WGM 微腔的直径一般应大于传输光波长的 10 倍左右，例如，当 $\lambda =$ 1.55μm 时，SAM 的直径应设置在 15.5μm 附近。

综合考虑 SAM 结构参数对传感器性能的影响规律，确定了本征型 SAM 氢气传感器的理想结构参数：

(1)选取 SiO_2 纳米颗粒的粒径 $\phi = 1.86$nm，既满足 SAM 对氢气的吸附条件，又具有最大的比表面积($\eta_{S/V} = 2.0 \times 10^9 m^{-1}$)。

(2)选取 SAM 的直径为 15.5μm，在避免米氏散射效应的前提下，使 SAM 具有最大的自由光谱范围(*FSR* = 18.1nm)，此时传感器具有较为理想的测量量程。

综上，本节分析了本征型 SAM 氢气传感器的敏感机理，推导了其传感方程；分析了 SAM 的结构参数对氢气传感特性的影响规律并得到了最优 SAM 结构参数。通过理论分析，本征型 SAM 传感器因其独特的回音壁光传输模式和三维多孔结构，而使其在氢气传感应用中具有明显的技术优势；但是，需要指出的是本征型 SAM 对气体的物理吸附过程不具有选择性，这使得它对环境中的多种气体成分都会产生敏感，是本征型 SAM 传感器的应用局限。为此，笔者进一步提出了通过采用功能化材料修饰 SAM 进而增强传感器对氢气选择性的研究思路。

第三节　Pd 负载自组装微球的氢传感机理

将 Pd 纳米颗粒与 SAM 结合，提出了一种新型 Pd-SAM 氢气传感器。该传感器能够在氢气浓度变化时，对氢气产生可选择的吸附作用，而使谐振波长改变，因此通过检测谐振波长的变化量就可以反演得到待测氢气的浓度。以下将从 Pd-SAM 对氢气的吸附过程、Pd-SAM 的等效折射率随氢气浓度的变化规律、Pd-SAM 的谐振波长随氢气浓度的变化规律以及 Pd-SAM 传感器性能的主要影响因素四个方面对 Pd-SAM 的传感机理进行详细分析。

一、Pd-SAM 对氢气的吸附过程

Pd-SAM 对氢气的吸附包含化学吸附和物理吸附两种作用方式，如图 3－5 所示。

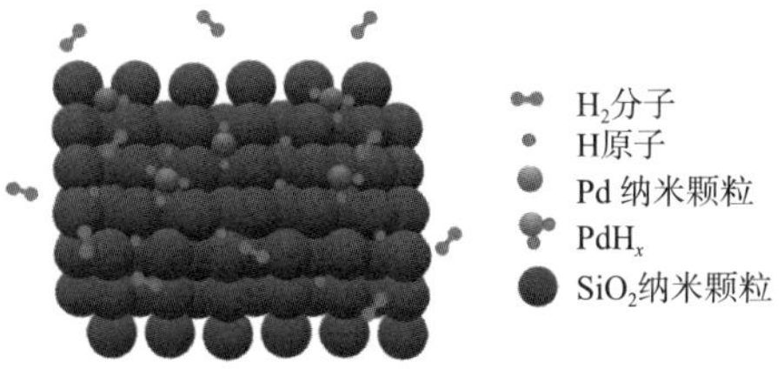

图 3－5　Pd-SAM 吸附氢气的原理示意图

Pd-SAM 对氢气的化学吸附是依靠 Pd 纳米颗粒实现的。Pd 是一种在室温下对氢气具有可逆化学吸附作用的特殊吸附剂。Pd 纳米颗粒可以将它表面附着的氢分子催化分解为氢原子，氢原子既可以和 Pd 颗粒的表面结合形成氢化钯（PdH_x），也可以通过逸出效应转移到 SiO_2 纳米颗粒表面，和 SAM 表面丰富的羟基结合形成新的化学键，从而大幅度增加氢气在 Pd-SAM 中的等效吸附密度。由于该过程需要消耗 Pd-SAM 表面的化学基团，因此氢分子将以单分子层吸附方式与 Pd-SAM 结合。

除了上述的化学吸附作用，Pd-SAM 对氢分子还具有物理吸附作用。当氢气浓度较低时，氢分子在 Pd-SAM 中的吸附行为被视为单层吸附，符合 Langmuir 单层吸附函数所描述的规律。随着氢气浓度的升高，氢分子的吸附行为逐渐演变为多层吸附，符合 BET 多层吸附函数的描述；但无论是单层还是多层吸附，都将导致氢气分子在 Pd-SAM 结构中大量聚集，进而促使气体的吸附密度提高。

二、Pd-SAM 的等效折射率随氢气浓度的变化规律

(一)Pd-SAM 吸附氢气前后的等效折射率

在 Pd-SAM 结构中，Pd 纳米颗粒是被填充在 SAM 的孔隙当中的，因此 Pd-SAM的等效折射率由 SiO_2 纳米颗粒、Pd 纳米颗粒和孔隙三个部分的折射率组成：

$$n_{PS}=\eta\cdot n_p+\eta_{Pd}n_{Pd}+(1-\eta-\eta_{Pd})n_h \tag{3-14}$$

式中，n_{PS}为 Pd-SAM 的等效折射率；η 为 SiO_2 纳米颗粒的体积填充比；n_p 为 SiO_2 纳米颗粒的折射率；η_{Pd}为 Pd 纳米颗粒的体积填充比；n_{Pd}为 Pd 的折射率；n_h 为 Pd-SAM 孔隙的折射率。

将格拉德斯通－戴尔关系，即式(3－2)，代入式(3－14)中，得到自然环境下 Pd-SAM 的等效折射率：

$$n_{PS}=\eta\cdot n_p+\eta_{Pd}n_{Pd}+(1-\eta-\eta_{Pd})(P_{air}\rho_{air}+1) \tag{3-15}$$

式中，P_{air}为空气的格拉德斯通－戴尔常数；ρ_{air}为空气的密度。由于自然环境下空气的密度可视为定值，因此式(3－15)可作为 Pd-SAM 的初始折射率。

当外部环境中存在氢气时，氢气将通过吸附作用进入 Pd-SAM 的内部孔隙中。此时 Pd-SAM 的等效折射率 n_{PS}由于吸附了氢气而产生变化：

$$n_{PS}=\eta\cdot n_p+\eta_{Pd}n_{Pd}+(1-\eta-\eta_{Pd})(P_{air}\rho_{air}+P_{H_2}\rho_{H_2}+1) \tag{3-16}$$

式中，P_{H_2}为氢气的格拉德斯通－戴尔常数；ρ_{H_2}为氢气在 Pd-SAM 孔隙中的吸附密度。

对比式(3－15)和式(3－16)可以发现，Pd-SAM 的等效折射率在吸附氢气前后的变化量 Δn_{PS}为：

$$\Delta n_{PS}=(1-\eta-\eta_{Pd})P_{H_2}\cdot\rho_{H_2} \tag{3-17}$$

显然，Δn_{PS}与氢气的吸附密度 ρ_{H_2}成正比，根据密度的计算方法，ρ_{H_2}可以表示为：

$$\rho_{H_2}=\frac{a_1\cdot S_{PS}}{(1-\eta-\eta_{Pd})V_{PS}}=\frac{a_1}{1-\eta-\eta_{Pd}}\cdot\eta_{PS/V} \tag{3-18}$$

式中，a_1 为单位面积的 Pd-SAM 对氢气的吸附量；S_{PS}为 Pd-SAM 的总表面积；V_{PS}为 Pd-SAM 的总体积；$\eta_{PS/V}$为 Pd-SAM 的比表面积。

为分析方便，在此仅考虑单层吸附作用。此时，单位面积的 Pd-SAM 对氢气

的吸附量 a_1 可以用单分子层吸附的理论方程(Langmuir 方程)表示。

$$a_1 = a_m \frac{bC_{H_2}}{1 + bC_{H_2}} \tag{3-19}$$

式中，a_m 为单位面积的 Pd-SAM 对氢气的饱和吸附量；b 为氢气的吸附常数；C_{H_2}为环境中氢气的浓度。根据式(3－19)可以推导出单位面积的 Pd-SAM 对氢气的吸附量 a_1 随氢气的浓度 C_{H_2}升高而单调递增。

将式(3－18)和式(3－19)代入式(3－16)中可以得到氢气环境下 Pd-SAM 的等效折射率的数学表达式：

$$n_{PS} = \eta \cdot n_P + \eta_{Pd} n_{Pd} + (1 - \eta - \eta_{Pd})\left(P_{air}\rho_{air} + P_{H_2}\frac{\eta_{PS/V}}{1 - \eta - \eta_{Pd}} \cdot a_m \cdot \frac{bC_{H_2}}{1 + bC_{H_2}} + 1\right) \tag{3-20}$$

式(3－20)即为 Pd-SAM 的等效折射率随氢气浓度的变化规律。

(二)Pd-SAM 的等效折射率随氢气浓度变化规律的仿真研究

对氢气环境下 Pd-SAM 的等效折射率进行仿真分析，参数的取值如表 3－2 所示。

表 3－2　Pd-SAM 的等效折射率的仿真参数表

参数	取值
SiO_2 纳米颗粒的体积填充比 η	0.74
Pd 纳米颗粒体积填充比 η_{Pd}/%	0.32
单位面积 Pd-SAM 对氢气的饱和吸附量 a_m/nm^2	15.35×10^{-2}
SiO_2 纳米颗粒的折射率 n_p	1.475
Pd 的折射率 n_{Pd}	3.1640(标准数据库)
空气的密度 ρ_{air}/(mol/cm^3)	4.08×10^{-5}
空气的格拉德斯通－戴尔常数 P_{air}/(cm^3/mol)	7.353
氢气的格拉德斯通－戴尔常数 P_{H_2}/(cm^3/mol)	2.583
Pd-SAM 的比表面积 $\eta_{PS/V}$/m^{-1}	1.87×10^8
氢气的吸附常数 b/(mol/L)	4.464

需要说明的是，表 3－2 中 SiO_2 纳米颗粒的体积填充比 η 与本征型 SAM 一致。Pd 纳米颗粒的体积填充比 η_{Pd}与 Pd-SAM 传感器的光传输损耗相关，因此需要根据传输损耗的要求进行调控。将 Pd 颗粒的粒径规定为 10nm(便于购买的最

小粒径产品)，同时在制备过程中将 Pd 颗粒的体积填充比控制在 0.32% 以下，根据散射理论可知，在这一掺杂比例下，光波在 Pd-SAM 中传播一个周期的损耗 $\kappa_{ext}=0.01\text{dB}$(较低的传输损耗有利于支持光在 SAM 中保持 WGM 传播)，并且通过计算可知，此时 Pd-SAM 的比表面积约为 $1.87\times10^{8}\text{m}^{-1}$。

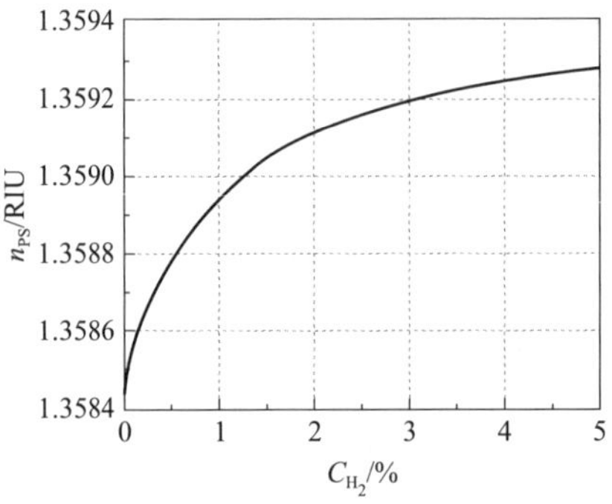

图 3-6　Pd-SAM 的等效折射率随氢气浓度的变化规律

将表 3-2 中的仿真参数代入式(3-20)，计算得到 Pd-SAM 的等效折射率 n_{PS}随氢气浓度 C_{H_2}的变化规律，如图 3-6 所示。仿真结果表明 n_{PS}与 C_{H_2}之间呈单调上升的关系：氢气浓度越高，Pd-SAM 的等效折射率越大。

三、Pd-SAM 的谐振波长随氢气浓度的变化规律

将式(3-20)代入 WGM 谐振波长的数学表达式，即式(3-9)中，可以得到 Pd-SAM 的谐振波长 λ_{res}与氢气浓度 C_{H_2}的关系式。

$$\lambda_{res}=\frac{2\pi R_0}{l}\left[\eta\cdot n_p+\eta_{Pd}n_{Pd}+(1-\eta-\eta_{Pd})\left(\text{P}_{air}\rho_{air}+\text{P}_{H_2}\frac{\eta_{PS/V}}{1-\eta-\eta_{Pd}}\cdot a_m\cdot\frac{\text{b}C_{H_2}}{1+\text{b}C_{H_2}}+1\right)\right] \tag{3-21}$$

式中，R_0 为 Pd-SAM 的半径；l 为 Pd-SAM 的模量。式(3-21)即为 Pd-SAM 对氢气浓度的传感方程。

以下对 Pd-SAM 的传感方程进行仿真分析。将 SAM 的工作波长规定在 1.55μm 附近，以半径为 50～300μm 的 Pd-SAM 为例。利用表 3-2 中的仿真参数，得到 Pd-SAM 的谐振波长随氢气浓度的变化规律，如图 3-7 所示。

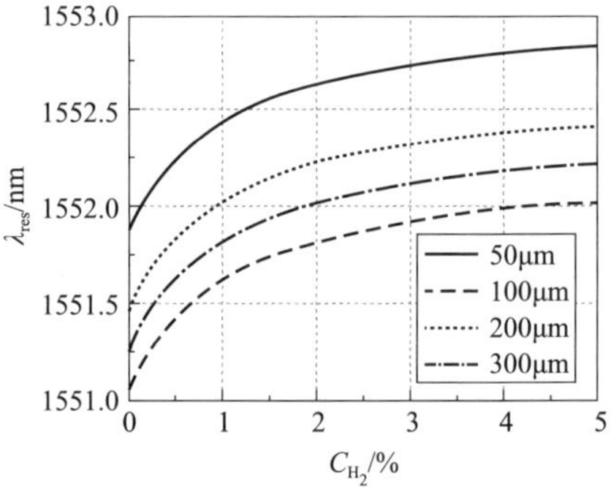

图 3-7　Pd-SAM 的谐振波长随氢气浓度的变化规律

图 3-7 说明谐振波长与氢气浓度之间呈单调上升关系：当环境中氢气浓度升高时，SAM 的谐振波长将沿长波长方向移动，反之，则沿短波长方向移动，

且这一变化规律对不同半径的 Pd-SAM 均适用。仿真结果还表明，不同半径的 Pd-SAM 具有不同的传感器零位，这一差异出现的原因与本征型 SAM 在不同半径下具有不同传感器零位的原因一致。

通过上述研究，Pd-SAM 对氢气的敏感机理可以总结为：Pd-SAM 有较大的比表面积，能够通过表面丰富的化学键与环境中的氢气结合，从而大幅度提高氢气在其中的吸附密度，导致 Pd-SAM 等效折射率改变。由于 Pd-SAM 与氢气作用需要化学键的参与，因此 Pd-SAM 对氢气的选择性将优于本征型 SAM。鉴于光在 Pd-SAM 中的传播规律具有回音壁模式，光子沿 WGM 轨道往复传播的过程中与被吸附的氢气可以反复作用，最终引起 WGM 的谐振波长发生变化。通过式(3－21)的推导证明，谐振波长的变化量与环境中氢气浓度呈单调上升关系。

综上，Pd-SAM 和本征型 SAM 具有同样的纳米结构和回音壁光传输模式，但是其独有的 Pd 纳米结构使它对氢气产生了化学吸附作用，进一步增加了 Pd-SAM 对痕量氢气的敏感性。由于 Pd 材料在提高 SAM 对氢气吸附密度的同时也抑制了对环境中其他气体成分的吸附作用，因此 Pd-SAM 传感器在氢气传感领域具有很强的技术应用潜力。

四、Pd-SAM 传感器性能的主要影响因素

Pd-SAM 传感器的性能主要由其结构参数决定。与本征型 SAM 相比，由于 Pd-SAM 的结构中增加了 Pd 纳米颗粒，因此本节主要针对 Pd 纳米颗粒的粒径和体积填充比对传感器灵敏度及光传输损耗的影响进行分析。

(一)影响传感器测量灵敏度的主要因素及规律

根据推导得出的 Pd-SAM 的传感方程式(3－21)，分析 Pd 纳米颗粒的粒径和体积填充比对传感器灵敏度的影响。

首先，利用表 3－2 中的仿真参数，并将 Pd 纳米颗粒的粒径设定为 10nm。通过数值计算，得到在不同的填充比例情况下，Pd-SAM 传感器输出谐振波长 λ_{res} 随氢气浓度 C_{H_2} 的变化规律，如图 3－8(a)所示。由该图可知：Pd 的填充比例越高，传感器的测量灵敏度越大。分析其原因在于 Pd 的填充比影响了 Pd-SAM 的比表面积 $\eta_{PS/V}$，它们之间具有如下数学关系：

$$\eta_{PS/V} = \eta_{s/v} + \eta_{Pd} \cdot 6\Omega\phi_{Pd}{}^{-1} \tag{3-22}$$

式中，$\eta_{s/v}$为 SAM 的比表面积；η_{Pd}为 Pd 的填充比例；Ω 为有效表面积系数，取值为 0.62；ϕ_{Pd}为钯纳米颗粒粒径。

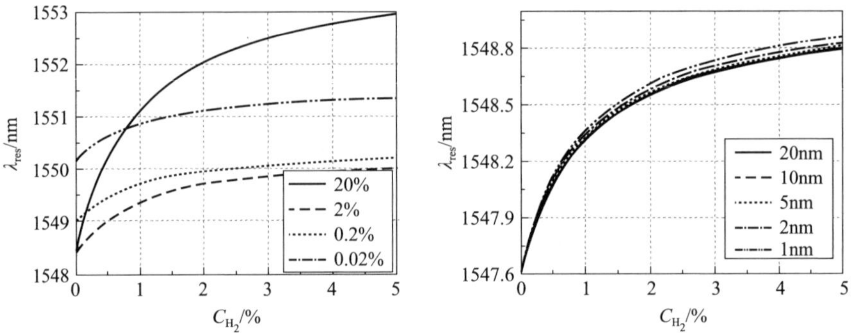

(a)不同Pd填充比例的Pd-SAM的响应　　(b)不同Pd粒径的Pd-SAM的响应

图 3－8　Pd-SAM 灵敏度随 Pd-SAM 结构参数的变化规律

根据这一数学关系可知，Pd 的填充比例越大，Pd-SAM 的比表面积越大。根据 Pd-SAM 的传感方程式(3－21)可知，传感器的测量灵敏度将随着 Pd-SAM 的比表面积增大而升高。

进一步地，由于在 0.02%～20% 的 Pd 填充比例范围内，Pd-SAM 传感器的谐振波长始终随氢气浓度的上升而单调上升。随机选择一种仿真条件，不失一般性地，将 Pd 的填充比设定为 0.2%，通过数值计算，得到不同 Pd 纳米颗粒粒径条件下，SAM 传感器输出谐振波长 λ_{res}随氢气浓度 C_{H_2}的变化规律，如图 3－8(b)所示。根据该图可知：Pd-SAM 传感器的测量灵敏度会随着 Pd 纳米颗粒粒径减小而增大。分析其原因在于，Pd 纳米颗粒的粒径越小，Pd-SAM 的比表面积 $\eta_{PS/V}$就会越大，见式(3－22)，由此促使传感器的测量灵敏度略有升高。

以上仿真结果表明，选用小粒径的 Pd 纳米颗粒或者增大 Pd 纳米颗粒的填充比有助于提高 Pd-SAM 传感器的测量灵敏度。

(二)影响传感器光传输损耗的主要因素及规律

Pd 是一种金属材料，对光波具有极大的散射和吸收作用，因此用 Pd 修饰 SAM 这一光学器件时，必须考虑 Pd 纳米颗粒对光传输损耗的影响。

将光波沿 WGM 轨道的单周期传输损耗表示为 WGM 传输轨道上 Pd 纳米颗粒的数量与单个 Pd 纳米颗粒消光系数的乘积：

$$\kappa_{ext} = \frac{2\pi R_0 \eta_{Pd}}{\phi_{Pd}} \cdot C_{ext} \qquad (3-23)$$

式中，κ_{ext}为 Pd-SAM 中光波的单周期传输损耗；R_0 为 SAM 的半径；η_{Pd}为 Pd 纳米颗粒的填充比；ϕ_{Pd}为 Pd 纳米颗粒的粒径；C_{ext}为 Pd 纳米颗粒的消光系数。显然，单周期光波的传输损耗正比于 Pd 纳米颗粒的消光系数 C_{ext}。

进一步地，根据散射理论，Pd 纳米颗粒的消光系数 C_{ext}可以表示为：

$$C_{ext} = \sigma_{ext} \cdot A_{Pd} = \sigma_{ext} \cdot \pi \cdot \frac{\phi_{Pd}^2}{4} \tag{3-24}$$

式中，σ_{ext}为 Pd 纳米颗粒的消光截面，由 Pd 的介电常数 $\varepsilon = -44.724 + i \times 2.331$ 决定；A_{Pd}为 Pd 纳米颗粒在光路中的投影面积。

将式(3－24)代入式(3－23)，得到光波在 Pd-SAM 中单周期的传输损耗为：

$$\kappa_{ext} = \frac{\pi^2}{2} \cdot R_0 \eta_{Pd} \sigma_{ext} \phi_{Pd} \tag{3-25}$$

假定 Pd-SAM 的半径为 50μm，Pd 纳米颗粒的粒径为 10nm，通过对式(3－25)的数值计算，得到 Pd-SAM 传感器的光传输损耗 κ_{ext}随 Pd 纳米颗粒填充比 η_{Pd}的变化规律，如图 3－9(a)所示。从图中可以看到 Pd-SAM 的传输损耗随 Pd 纳米颗粒填充比 η_{Pd}增大而升高。这是由于 η_{Pd}越大，传感器对光的散射和吸收作用越强，Pd-SAM 的传输损耗就会相应增大。

进一步地，将 Pd 纳米颗粒的填充比例 η_{Pd}规定为 0.2%，通过数值计算，得到 Pd-SAM 传感器的光传输损耗随 Pd 纳米颗粒粒径 ϕ_{Pd}的变化规律，如图 3－9(b)所示。仿真结果表明，ϕ_{Pd}越大，传感器的传输损耗越高。分析其原因在于，Pd 纳米颗粒对光波的散射作用与其粒径相关：粒径越大，纳米颗粒的散射作用越强，其消光系数就会越高，从而使传感器的传输损耗升高。

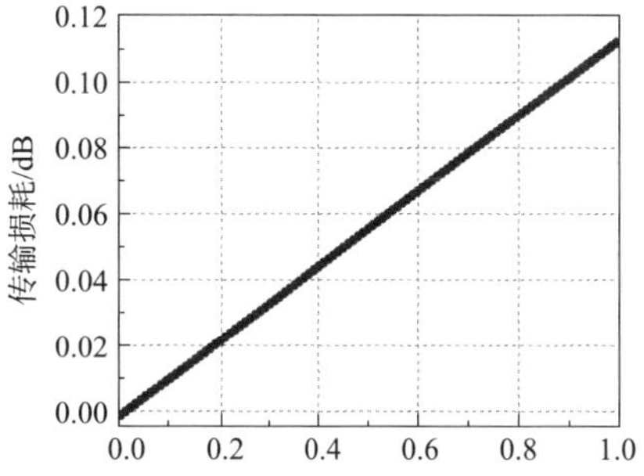

(a)不同钯填充比例的Pd-SAM的损耗

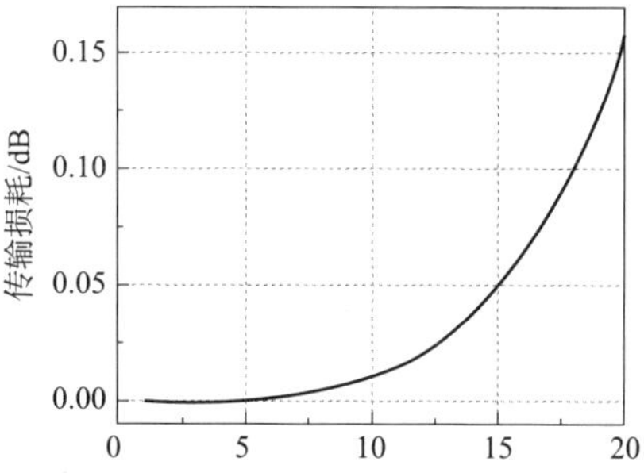

(b)不同Pd纳米颗粒粒径的Pd-SAM的损耗

图 3－9　Pd-SAM 的传输损耗随 Pd-SAM 结构参数的变化规律

通过理论仿真，可以分析得出 Pd 纳米颗粒的粒径和填充比例均为影响 Pd-SAM 传输损耗的主要因素。为了保证光波通过 Pd-SAM 传感器后仍具有足够的光能量，需要采用粒径更小的 Pd 颗粒或降低 Pd 的填充比。

在此总结 Pd 纳米颗粒的结构参数对 Pd-SAM 传感性能的影响规律：

(1)Pd 纳米颗粒的粒径越小，传感器测量灵敏度越高且光的传输损耗越小。但是 Pd 的粒径也决定了 Pd 纳米颗粒之间的孔隙尺寸。根据理论推导，为保证氢分子可以进入 Pd 纳米颗粒的孔隙，其粒径应保证 $\phi_{Pd} \geqslant 1.86nm$，对应的比表面积 $\eta_{PS/V} \leqslant 2.0 \times 10^9 m^{-1}$。

(2)Pd 的填充比越大，传感器的测量灵敏度越高，但光在其中的传输损耗也会越大。因此需要结合实际需求对 Pd 的填充比例进行控制。以 Pd-SAM 的单周期传输损耗 $\kappa_{ext} = 0.001dB$ 为例，可以计算得到 $\phi_{Pd} = 1.86nm$ 的 Pd 纳米颗粒的填充比例 $\eta_{Pd} \leqslant 5.0\%$。

综上，在综合考虑了 Pd-SAM 结构参数对传感器测量灵敏度、量程、光传输损耗的影响之后，明确了 Pd-SAM 氢气传感器的最优结构参数：

(1)选取 SiO_2 纳米颗粒的粒径 $\phi = 1.86nm$。

(2)控制 SAM 的直径为 15.5μm。

(3)选取 Pd 纳米颗粒的粒径 $\phi_{Pd} = 1.86nm$。

(4)控制钯的填充比 $\eta_{Pd} = 5.0\%$。

以上结构参数既满足了 Pd-SAM 对氢气的吸附条件，也满足了传感器的单周期损耗($\kappa_{ext} \leqslant 0.001dB$)，同时具有最大的比表面积($\eta_{PS/V} = 2.0 \times 10^9 m^{-1}$)，对氢气具有较大的测量灵敏度。这一结构参数的 Pd-SAM 在避免米氏散射效应的前提下具有最大的自由光谱范围($FSR = 17.1nm$)，因此具有较大的测量量程。

第四节　自组装氢气传感器的制备与性能测试

本节将详细论述传感器结构参数的控制方法，并给出本征型 SAM 和 Pd-SAM 传感器的具体制备工艺。

一、传感器结构参数的控制方法

通过上文的研究发现，本征型 SAM 和 Pd-SAM 传感器的主要结构参数有：

SiO_2 纳米颗粒的粒径、SAM 的半径、Pd 纳米颗粒的粒径和 Pd 材料的体积填充比。此外由于 SAM 需要与熔锥光纤耦合，因此 SAM 与光纤的耦合参数也是需要控制的重要工艺参数。在这些结构参数中，SiO_2 纳米颗粒和 Pd 纳米颗粒已经被开发出了商业化产品，其中 SiO_2 纳米颗粒便于获得的最小粒径约为 20nm，Pd 纳米颗粒便于获得的最小粒径约为 10nm，故本书选取了这两种材料用于传感器的制备。在此基础上，还需要解决 SAM 的半径、Pd 纳米颗粒的填充比以及 SAM 与光纤耦合参数的控制方法。

（一）SAM 半径的控制方法

通过第一章的基础理论介绍可知，在超疏水基底上可以实现 SAM 的简易化制备，其中影响 SAM 半径的主要工艺参数为 SiO_2 纳米颗粒分散液的浓度和容积。为精确控制 SAM 的半径，应选择浓度合适的 SiO_2 纳米颗粒分散液和内径合适的流体通道。例如，可以将 SiO_2 纳米颗粒分散液的浓度控制在 40%，利用上文提及的基于 Plateau-Rayleigh 不稳定过程的流体断裂自适应方法，在超疏水基底表面产生大量尺寸一致的 SAM，其半径通常为流体通道半径的 3 倍左右。

（二）Pd 纳米颗粒填充比例的控制方法

浸润填充法是对多孔材料进行功能化修饰的一种常规方法。该方法通过控制试剂的浓度、容积、浸润时间和次数可以达到调节功能材料填充比例的目的。在此，利用多次浸润的工艺方法将 Pd 纳米颗粒与 SAM 结合，具体步骤如下：

（1）将 Pd 纳米颗粒以一定的浓度超声分散在去离子水中。

（2）用一定容积的 Pd 纳米颗粒分散液浸润 SAM 一定的时间。

（3）重复步骤（2）若干次数，以达到所需的浸润效果。

显然，固定 Pd 纳米颗粒分散液的浓度、容积和浸润时间，仅调节浸润次数是调控 Pd 纳米颗粒填充比的最简单工艺方法。为此，本节预先进行了探索性研究：选用粒径为 10nm 的 Pd 颗粒，如图 3－10 所示，并将浸润工艺参数设置如下：Pd 分散液浓度为 0.01%、容积为 0.5μL、浸润时间为 1min。通过测量 SAM 在 Pd 分散

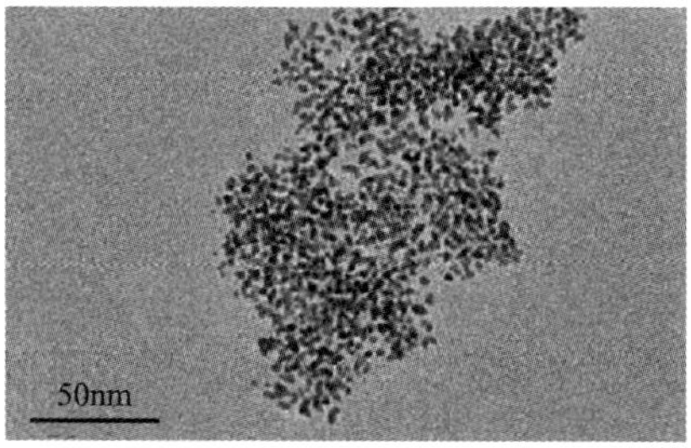

图 3－10 Pd 纳米颗粒的显微照片
（北京德科岛金科技有限公司提供）

液浸润前后的传输光强，发现平均单次浸润操作使 SAM 的单周期传输损耗增加了 0.00195dB，即达到了约 0.062% 的填充比例。因此浸润次数为 Pd-SAM 制备中的主要控制参数。

（三）SAM 与熔锥光纤耦合结构的控制方法

根据前文所述的光纤与 WGM 微腔的耦合机理，耦合损耗可以通过调节 SAM 与光纤腰区之间的距离进行控制。此外，根据相位匹配理论，建立了最优耦合条件下 SAM 半径与熔锥光纤腰区半径的对照表，见表 2－2。在具体实施阶段，需要对 SAM 与熔锥光纤的耦合过程进行控制，如图 3－11 所示。

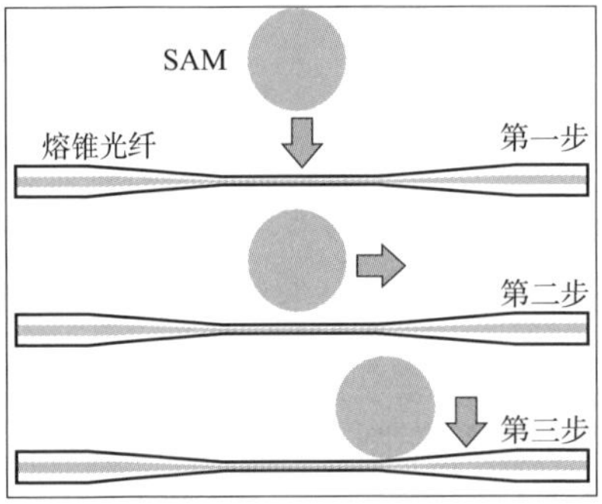

图 3－11　SAM 与熔锥光纤的耦合过程

具体而言，可以通过以下步骤完成对 SAM 与熔锥光纤耦合参数的优化控制：

（1）缩小熔锥光纤腰区与 SAM 的间距，同时监测光纤中的传输光谱，直到光谱出现谐振。

（2）沿光纤轴向微调 SAM 的位置，寻找熔锥光纤最佳耦合半径所在的区域。SAM 位置调整以传输光谱能量增大、谐振深度加深、*FWHM* 减小为目标。

（3）再次缩小光纤与 SAM 的间距，使两者接触以提高传感器的结构稳定性，此时熔锥光纤与 SAM 满足过耦合条件，传感器的 Q 值会有所下降。

二、本征型 SAM 传感器的制备工艺过程

本征型 SAM 传感器由传感器基底、熔锥光纤和本征型 SAM 三部分组成。以下分别研究了这三部分的制备方法以及本征型 SAM 传感器的耦合工艺。

本征型 SAM 传感器制备所需的主要材料及其来源如表 3－3 所示。

表 3－3　本征型 SAM 传感器的制备材料和试剂来源

材料和试剂	来源
硅凝胶 GN-502	中蓝晨光品牌
SiO_2 纳米颗粒（20nm）分散液	爱为科研品牌
超疏水试剂 NC317	纳罗可品牌
环氧树脂 7300	瑞士 ERGO 品牌

(一)传感器基底的制备

传感器基底由玻璃基片和表面聚合物涂层组成。涂层的作用是提供足够的黏附力将 SAM 与玻璃基片固定。除此之外，涂层还需要满足的条件如下。

(1)涂层的折射率必须低于 SAM 的等效折射率，以保证光能量始终不会通过涂层泄漏到 SAM 的外部。

(2)涂层的厚度为微米级，以减小涂层的弹性应变对 SAM 和基底结构之间的稳定性影响。

据此，本章采用了匀胶机旋涂的方法，在 1in × 1.5in 的玻璃基片中心旋涂 GN-502 双组分硅凝胶，得到了厚度为微米量级(能够产生薄膜干涉现象)、折射率为 1.345 的硅凝胶涂层，完成了传感器基底的制备。

(二)熔锥光纤的制备

熔锥光纤的制备原理是在高达1200℃的氢氧焰下加热单模光纤，将特定区域熔融软化，配合步进电机沿轴向缓慢拉伸，使光纤熔融区逐渐变细，最终形成熔锥光纤，如图 3-12 所示。本节通过对 SMF-28 单模光纤进行拉制，得到一段光纤腰区平均半径为 0.8μm 的熔锥光纤，光纤在拉锥后传输损耗仅增加 0.2dB，说明本实验所采用的方案基本满足光纤的非绝热条件，进而保证光纤基模稳定传输没有泄漏。该熔锥光纤由于半径缓慢变化，也能够满足 SAM 最佳耦合条件对光纤锥区半径的具体要求(见表 2-2)。

图 3-12 熔锥光纤的拉制过程

(三)本征型 SAM 的制备

上文中已经明确了本征型 SAM 的理想结构参数：SiO_2 纳米颗粒的粒径为 1.86nm、SAM 的半径是 15.5μm。但是，受限于纳米材料的合成工艺水平，粒径越小的 SiO_2 纳米颗粒，它的球度就会越差，同时粒径的一致性也会越低，这两个因素都不利于 SAM 的制备。此外，半径越小的 SAM，其尺寸的控制难度越大，对与其耦合的熔锥光纤的半径要求越细，不利于保障传感器结构的长期稳定。在这样的限制之下，采用向理想制备参数最优逼近的思想，选用了目前可以获得的最小粒径($\phi=20$nm)的 SiO_2 纳米颗粒和最小内径的注射器针头(30μm)制备本征型 SAM。

图 3-13　本征型 SAM 的显微照片

按照之前所提出的 SAM 制备步骤，并将 SAM 的制备参数设置为：疏水材料选用 NC317 超疏水试剂；SiO_2 纳米颗粒的粒径为 20nm，分散液浓度配制为 40%；流体通道选用 30μm 内径规格的针头，制备得到了半径约为 50μm 的 SAM，利用数字显微镜对所制备的 SAM 进行表征，如图 3-13 所示。

(四)本征型 SAM 与熔锥光纤的耦合过程

为了完成 SAM 与熔锥光纤的耦合，搭建了光纤－SAM 组装平台，如图 3-14 所示。平台由机械系统和光学系统两部分组成。机械系统包括光学调节台和两个三轴微位移平台以及辅助高清工业相机与显示组件。光学系统包括 SLED 宽谱光源、光纤、光谱分析仪。

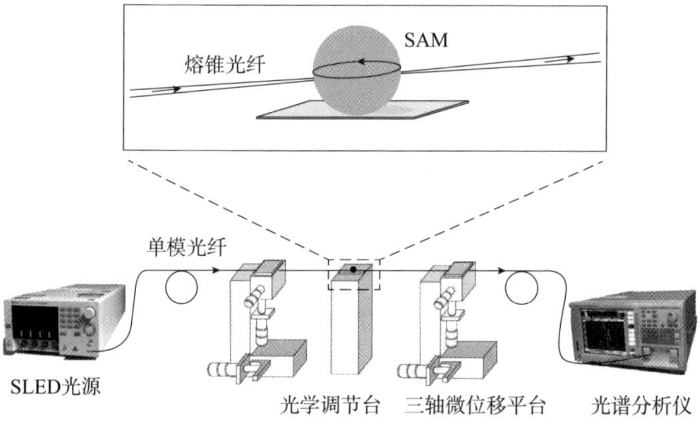

图 3-14　光纤－SAM 传感器组装平台

本征型 SAM 氢气传感器的耦合工艺流程如下。

(1)按照图 3-14 所示将本征型 SAM 固定在传感器基底上，并将熔锥光纤的两侧架设在三轴微位移平台上。

(2)按照上文提出的耦合结构控制方法调节 SAM 与光纤的耦合参数，当逼近最优耦合条件时，WGM 的谐振光谱如图 3 – 15(a)所示，此时光谱的 *FWHM* 为 0. 14nm，根据式(2 – 45)计算可知 SAM 的 *Q* 值达到了 10957。随后再度调整两者的相对位置，使其接触以保证传感结构稳定。

(3)用环氧树脂将光纤的两端固定在基底上，粘接的部位远离腰区以避免光能量通过粘接剂而泄漏。

待环氧树脂完全固化后，本征型 SAM 传感器制备完成，它的显微照片如图 3 – 15(b)所示。

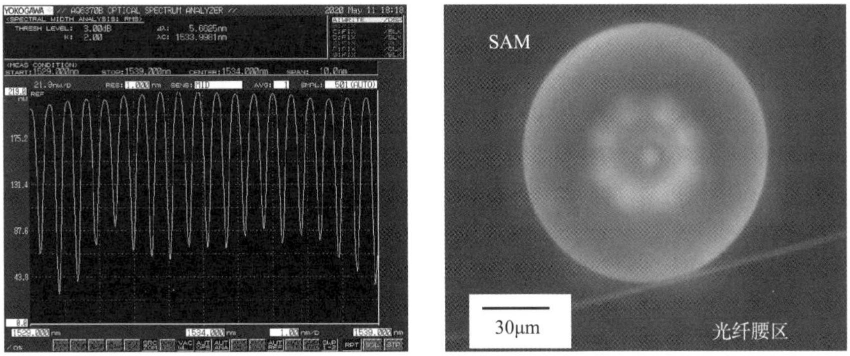

(a)SAM的最优谐振光谱　　(b)SAM与熔锥光纤的耦合结构

图 3 – 15　本征型 SAM 氢气传感器

三、Pd-SAM 传感器的制备工艺过程

Pd-SAM 传感器由传感器基底、熔锥光纤和 Pd-SAM 三部分组成。制备 Pd-SAM传感器所需的主要实验材料如表 3 – 4 所示。

表 3 – 4　实验使用材料和试剂来源

材料和试剂	来源
硅凝胶 GN-502	中蓝晨光品牌
SiO_2 纳米颗粒(20nm)分散液	爱为科研品牌
Pd 纳米颗粒(10nm)分散液 DK-Pd-002	北京德科岛金科技有限公司
环氧树脂 7300	瑞士 ERGO 品牌

(一)传感器基底和熔锥光纤的制备

Pd-SAM 传感器与本征型 SAM 传感器使用的是相同的传感器基底和熔锥光纤，它们的制备方法不再赘述。

(二)Pd-SAM 的制备

通过上文的理论推导，确定了 Pd-SAM 的理想结构参数：Pd 纳米颗粒的粒径为 1.86nm、填充比为 5.0%。需要说明的是，受制于 Pd 纳米颗粒的合成工艺，理想粒径 Pd 材料合成难度极高。因此采用了向这一参数最优逼近的方法，选用了粒径为 10nm 的 Pd 纳米颗粒制备 Pd-SAM。根据式(3－24)计算，它的消光系数为 $C_{ext}=9.84\times10^{-5}$dB。由于 Pd-SAM 的传输损耗会随 Pd 纳米颗粒粒径的增大而提高，因此需要重新计算 Pd 纳米颗粒的最优填充比。根据光信号解调的需要，将 κ_{ext} 规定为 0.01dB，这一传输损耗不会影响 Pd-SAM 传感器的测量准确度，在这一条件下，计算得到粒径为 10nm 的 Pd 纳米颗粒的最优填充比为 0.32%。

制备 Pd-SAM 需要首先准备半径为 50μm 的 SAM，然后控制 Pd 纳米颗粒分散液的浸润次数。已知单次浸润产生的传输损耗为 $\kappa_{ext}=0.00195$dB，那么将浸润次数控制在 5～6 次，理论上将达到 0.31%～0.37% 的掺杂比例，进而产生 0.0097～0.0117dB 的传输损耗。实验过程中，对 SAM 实施 5 次浸润，Pd-SAM 的单周期传输损耗达到了 $\kappa_{ext}=0.00988$dB，对应的填充比例为 0.316%，与理论预期一致，至此 Pd-SAM 制备完成。

(三)Pd-SAM 传感器的耦合工艺流程

利用图 3－14 所示的 SAM-光纤组装平台，Pd-SAM 氢气传感器的制备工艺流程如下。

(1)将 Pd-SAM 固定在传感器基底上，并将熔锥光纤安装在组装平台上。

(2)按照上文提出的耦合结构控制方法调节 Pd-SAM 与光纤的耦合参数，实现 Pd-SAM 与熔锥光纤之间的高效耦合。

(3)用环氧树脂将光纤的两端固定在基底上，待环氧树脂完全固化后，Pd-SAM 传感器制备完成。

第五节　基于 SAM 的氢气传感器的性能测试与评价

本节组建了氢气传感器性能测试平台，分别对本征型 SAM 和 Pd-SAM 传感器进行了实际测试，并对它们的性能指标进行了对比与评价。

一、氢气传感器的性能测试平台

本章所提出的氢气传感器的工作原理是通过检测谐振波长的漂移量来反映待测氢气的浓度变化，因此需要利用波长检测法对传感器的输出信号进行解调。为了对传感器的性能参数进行测试与标定，笔者搭建了氢气传感器性能测试平台，如图 3 – 16 所示。该平台主要包括 SLED 宽谱光源（中心波长约 1534nm，带宽约 34nm）、光纤、光谱分析仪（工作波长范围 0.6 ~ 1.7μm，分辨率 20pm）和气室（容积约 0.65L）。测试前将氢气传感器安装于气室之中，并将传感器两端的尾纤穿过硅胶密封的通孔连接外部的 SLED 光源和光纤、光谱分析仪。

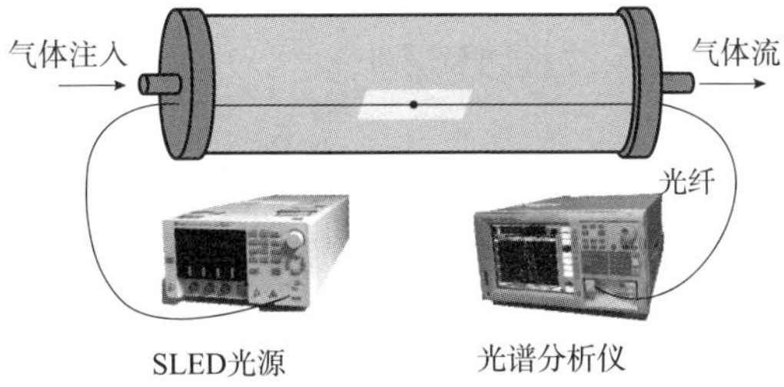

图 3 – 16　氢气传感器的性能测试平台

在测试过程中，将氢气从注入气室到完全排出作为一次测试周期。在注气阶段，采用将纯氢气定量注入气室并自由扩散的方法，该方法模拟了氢气泄漏的实际情况，有利于考察传感器的真实应用表现。以氢气完全注入气室的时刻为检测零时，每间隔 10s 采集一次光谱数据，连续采集 30 次完成对氢气的吸附测试。在排气阶段，以流速为 80mL/s 的空气持续吹扫气室，每间隔 10s 采集一次光谱数据，直至谐振光谱达到稳定，完成对氢气的脱附测试。

二、本征型 SAM 氢气传感器的性能测试

以下主要对本征型 SAM 氢气传感器的动态响应特性，传感器的量程、灵敏度和时间响应特性，以及传感器的重复性进行测试。

（一）本征型 SAM 传感器的动态响应特性测试

在测试开始前，利用光谱仪记录本征型 SAM 的谐振光谱，并将此时的光谱数据记录为 0s 的实验结果，在图 3 – 17（a）中进行展示。谐振光谱表明，SAM 的 *FSR* 为 5.2nm，谐振深度大于 90%。在此基础上，向气室中通入 120mL 氢气，气室内部经历了氢气浓度从 0 至 18% 的上升过程，在这一过程中持续记录传感器的输出光谱，如图 3 – 17（a）所示。随着 SAM 对氢气的逐渐吸附，传感器输出的谐振光谱沿长波长方向移动，120s 后达到基本稳定；而在 SAM 对氢气的脱附过

程中，谐振光谱沿短波长方向移动，80s 后达到基本稳定。

将不同时刻谐振峰的波长提取出来，就可以得到本征型 SAM 传感器对氢气浓度的动态响应曲线，如图 3-17(b)所示。从图中可以看出，本征型 SAM 传感器达到吸附平衡后，传感器的谐振波长漂移量约为 2.32nm，并在氢气浓度降低至 0 时，谐振波长回到零点。

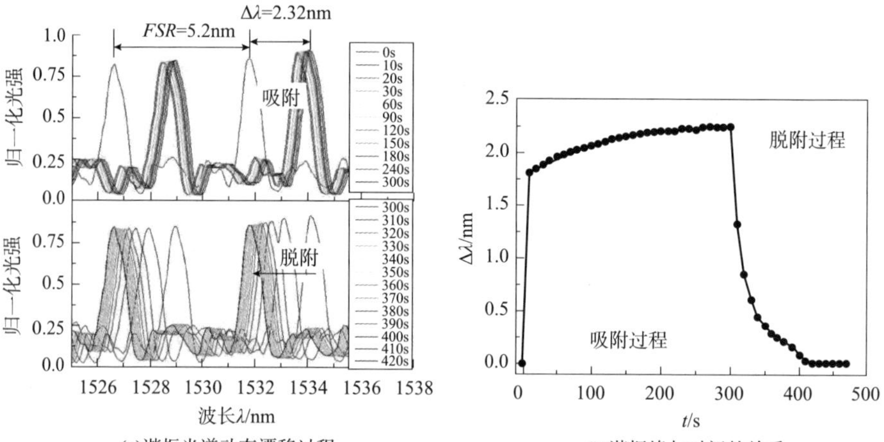

(a)谐振光谱动态漂移过程　(b)谐振峰与时间的关系

图 3-17　本征型 SAM 传感器对 18% 浓度氢气的响应过程

(二)本征型 SAM 传感器的量程、灵敏度和时间响应特性测试

改变气室内部的氢气浓度，得到了在 0.15% ~54% 浓度范围内，谐振波长的动态响应曲线，如图 3-18 所示。图 3-18 中，传感器的谐振光谱漂移量随着氢气浓度升高而增大，与前文的理论分析结论一致。

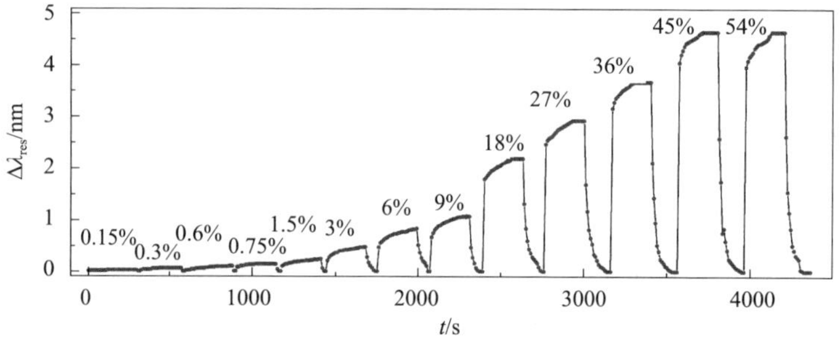

图 3-18　不同浓度下本征型 SAM 传感器的谐振光谱漂移量

将图 3-18 中传感器达到稳定后的波长漂移量提取出来，就可得到谐振波长

漂移量与氢气浓度的标定曲线，结果如图 3－19 所示。从图 3－19 可知，本征型 SAM 传感器的最大量程约为 45%，谐振波长的最大漂移量为 4.68nm。本征型 SAM 的最大量程取决于 SAM 对氢气的吸附能力：在 SAM 中，被吸附在孔隙中的氢气分子之间彼此具有分子斥力作用，导致 SAM 对氢气的最大吸附密度存在上限，使得传感器的谐振波长对氢气浓度的响应在达到一定程度后出现饱和。

采用最小二乘法对图 3－19 中的有效实验数据进行线性拟合，得到传感器输出谐振波长漂移量与待测氢气浓度之间的近似线性关系：

$$\Delta\lambda_{res} = 0.103C_{H_2} + 0.110 \qquad (3-26)$$

式中，$\Delta\lambda_{res}$ 为谐振波长漂移量；C_{H_2} 为氢气浓度。

实验结果所标定的传感方程式(3－26)揭示了本征型 SAM 传感器的测量灵敏度约为 103pm/%。

将图 3－18 中不同浓度条件下，传感器达到最终波长漂移量的 90% 所需要的时间提取出来，即可绘制传感器的时间响应特性与环境中氢气浓度的关系曲线，如图 3－20 所示。从图中可以看出本征型 SAM 的平均吸附时间约为 121s，平均脱附时间约为 49s。

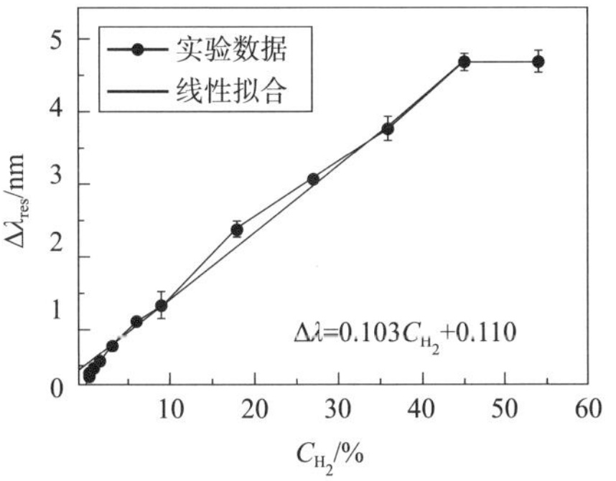

图 3－19　本征型 SAM 传感器的波长响应

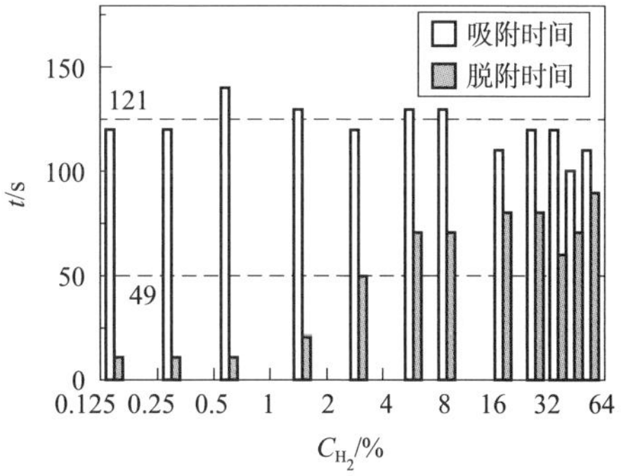

图 3－20　本征型 SAM 传感器的时间响应

(三)本征型 SAM 传感器的重复性测试

利用 1.0% 浓度的氢气对本征型 SAM 进行五次连续测试，谐振波长的动态响应曲线如图 3－21 所示。五次测试中，谐振波长的漂移量分别达到了 0.16nm 和 0.17nm。吸附时间为 130～150s，脱附时间大约为 40s。实验结果说明本征型 SAM 传感器具有较好的重复性。

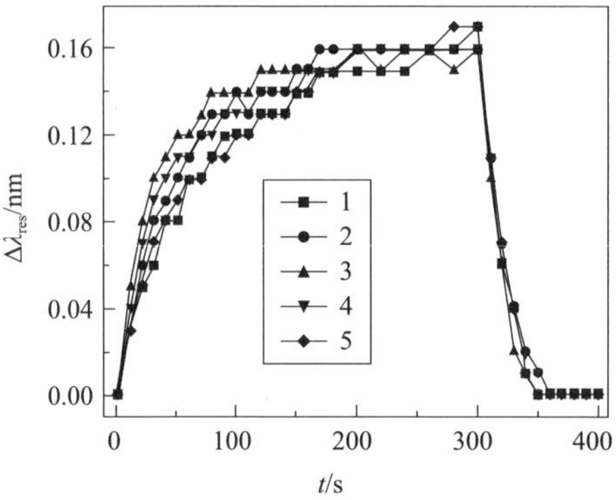

图 3-21　本征型 SAM 传感器的重复性测试结果

三、Pd-SAM 传感器的性能测试

下面对 Pd-SAM 传感器的动态响应特性，传感器的量程、灵敏度和时间响应特性，传感器的重复性以及传感器的气体选择性进行测试。

（一）Pd-SAM 传感器的动态响应特性测试

通过将 Pd-SAM 传感器与光源、光谱仪连接，首先可以得到 Pd-SAM 的谐振光谱，如图 3-22(a)所示。图 3-22(a)中，Pd-SAM 谐振光谱的 *FSR* 为 5.3nm，谐振深度 *D* 为 57.5%，根据式(2-45)计算可知 *Q* 值应为 594。与本征型 SAM 传感器相比，谐振深度与品质因数由于传感器的光传输损耗增大而有所下降。向气室内通入氢气，使气室达到 0.3% 的氢气浓度条件，Pd-SAM 传感器谐振光谱的动态响应如图 3-22(a)所示。Pd-SAM 在对氢气吸附的过程中，传感器的谐振光谱沿长波长方向移动，190s 后达到稳定；脱附过程中，谐振光谱沿短波长方向移动，直到 50s 后达到稳定。从图中提取不同时刻传感器谐振峰的波长，就可以得到 Pd-SAM 传感器的动态响应曲线，如图 3-22(b)所示。从图中可以看出 Pd-SAM 传感器在吸附平衡时谐振波长漂移量为 0.32nm，并在脱附过程结束后回到零点。

（二）Pd-SAM 传感器的量程、灵敏度和时间响应特性测试

改变气室内部的氢气浓度，得到了在 0.015% ~4.5% 浓度范围内，谐振波长的动态响应曲线，如图 3-23 所示。

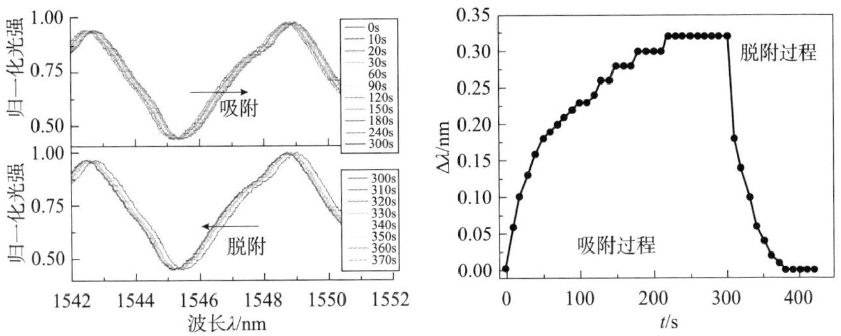

(a)谐振光谱动态漂移过程　　(b)谐振峰与时间的关系

图 3－22　Pd-SAM 传感器对 0.3% 浓度氢气的响应过程

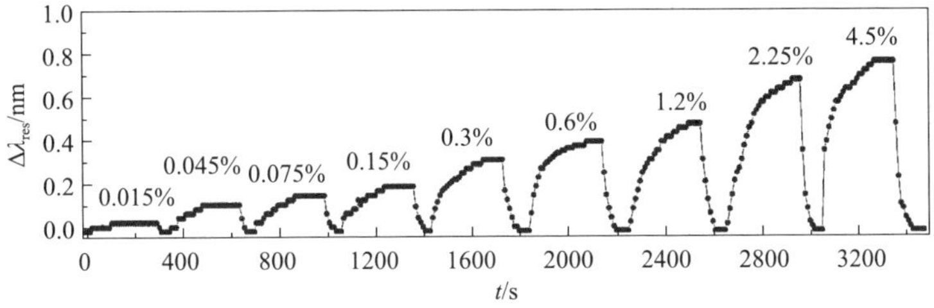

图 3－23　不同浓度下 Pd-SAM 传感器的谐振光谱漂移量

从图 3－23 中可以看出，当环境中氢气浓度增大时，传感器输出的谐振光谱漂移量增大，与前文中的理论分析结果一致。

将图 3－23 中传感器达到稳定后的波长漂移量提取出来，便可得到谐振波长漂移量与环境中氢气浓度的标定曲线，如图 3－24 所示。由图 3－24 可知，本征型 SAM 传感器的测量上限约为 4.5%，这一测量上限产生的主要原因是 PdH_x 中发生了从 α 相到 β 相的转移，晶格结构的变化导致 Pd 材料逐渐失效，对 4.5% 以上浓度的氢气变得不敏感。Pd-SAM 传感器的最低检测限（*LOD*）为 0.015%，此时谐振光谱漂移量为 40pm。*LOD* 不仅与传感器的灵敏度有关，而且受光谱仪波长分辨率的左右，所以在实验系统搭建过程中选用更高精度的波长解调系统可以进一步提高 Pd-SAM 传感器的 *LOD*。

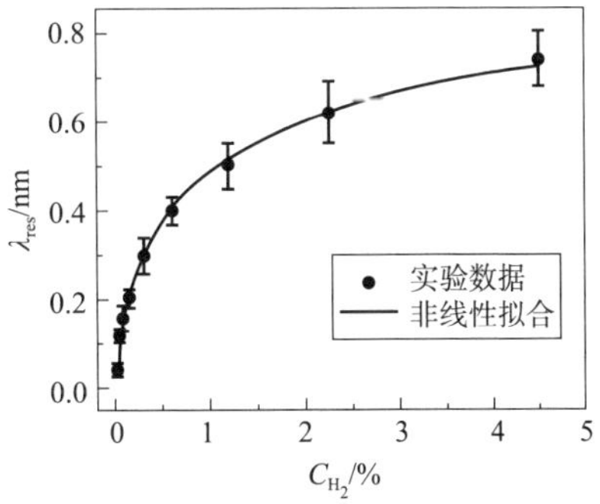

图 3－24　Pd-SAM 传感器的波长响应

采用 Langmuir 函数对图 3－24 中的实验数据进行非线性拟合，得到传感器输出谐振波长漂移量与待测氢气浓度的关系。

$$\Delta\lambda_{res} = \frac{0.81671 \times C_{H_2}^{0.60726}}{1 + 0.70627 \times C_{H_2}^{0.60726}} \tag{3-27}$$

式中，$\Delta\lambda_{res}$为谐振波长漂移量；C_{H_2}为氢气浓度。

通过对这一传感方程进行线性拟合可知，该传感器在0.015%～4.5%量程范围内的测量灵敏度约为143pm/%。进一步对传感器的线性响应区间(0.015%～0.15%)加以分析，可以得到传感器的测量灵敏度在这一痕量氢气检测范围内达到了1.33nm/%的高灵敏响应能力。

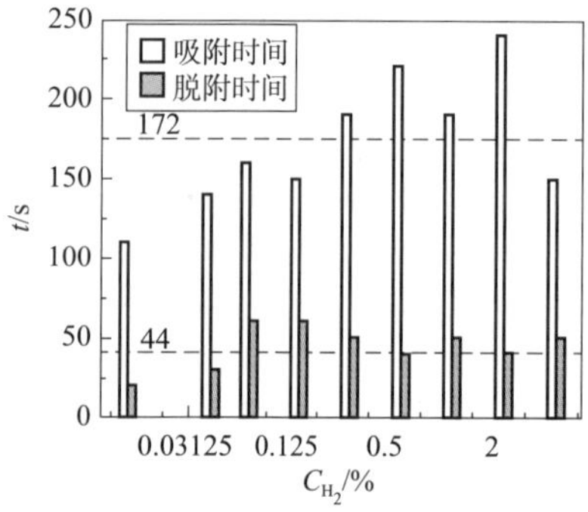

图3－25　Pd-SAM 传感器的时间响应

将图3－23中传感器达到最终波长漂移量的90%所需要的时间提取出来，即可获得传感器的时间响应特性：传感器的平均吸附时间约为172s，平均脱附时间约为44s(见图3－25)。

(三)Pd-SAM 传感器的重复性测试

利用1.2%浓度的氢气对Pd-SAM进行五次连续测试，谐振波长的动态响应曲线如图3－26所示。

五次测试中，谐振波长的漂移量分别达到了0.47nm和0.48nm。吸附时间为150～200s，脱附时间为50～60s。测试结果证明了Pd-SAM具有较好的重复性。

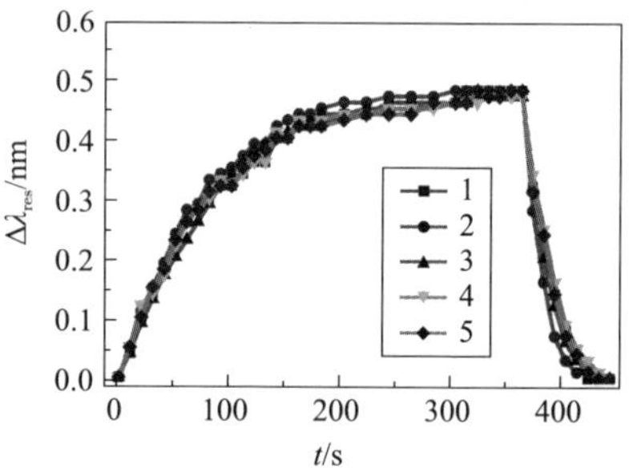

图3－26　Pd-SAM 传感器的重复性测试结果

(四)Pd-SAM 传感器的气体选择性测试

利用0.015%～4.5%浓度的氮气(空气的主要成分，折射率$n_{N_2}=1.00298$)

和氦气(密度与氢气最为接近，折射率 n_{He} = 1.00035)对 Pd-SAM 的响应性能进行测试，谐振波长漂移量随气体浓度的变化关系如图 3-27 所示，图 3-27 中加入了 Pd-SAM 传感器对氢气的响应曲线以作对比。

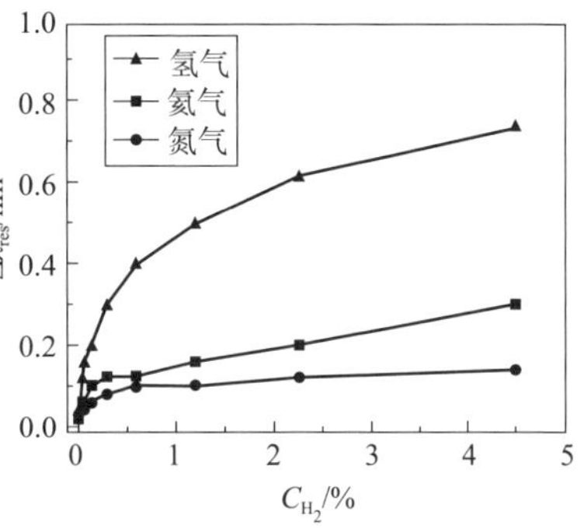

图 3-27 Pd-SAM 传感器的气体选择性测试结果

通过对实验结果的线性拟合，可知 Pd-SAM传感器对于氦气的测量灵敏度为 51pm/%，对于氮气的测量灵敏度为 22pm/%。Pd-SAM 对这两种气体的响应能力来源于 Pd-SAM 对任意气体均具有一定的物理吸附作用，因此谐振波长会产生一定的变化。通过对比可以看出，Pd-SAM 传感器对氮气和氦气的响应曲线明显低于它对氢气的响应曲线，从而证明了 Pd-SAM 对氢气具有较强的吸附能力，并抑制了对其他气体的吸附。尽管如此，将 Pd 材料引入 SAM 传感结构中仍未能完全解决针对氢气的特异性识别问题，其主要原因在于传感器无法完全屏蔽对其他气体的物理吸附作用。因此继续深入研究新材料、新机理、新结构，以实现对气体的特异性检测将是未来很长一段时间内无标记光学气体传感器的主要发展方向之一。

四、SAM 氢气传感器的性能对比与评价

(一)本征型 SAM 与传统 WGM 微腔的对比

将 SAM 与传统 WGM 微腔的特点进行对比，从制备工艺、材料、微观结构、折射率、比表面积、光传输特性、传输损耗、Q 值等多个方面分析了两者之间的异同，其结果如表 3-5 所示。

表 3-5 SAM 与传统 WGM 微腔的对比

类型	传统 WGM 微腔	SAM
制备工艺	熔融塑形法	纳米颗粒自组装技术
材料	SiO_2	SiO_2 纳米颗粒
微观结构	致密结构	三维交互连通的纳米级孔隙
折射率	1.45	1.367
比表面积/m^{-1}	4.04×10^4	1.86×10^8

续表

类型	传统 WGM 微腔	SAM
光传输特性	以 WGM 谐振传输	以 WGM 谐振传输
传输损耗/dB	$10^{-7} \sim 10^{-3}$	0.17
Q 值	$10^5 \sim 10^9$	1.1×10^4

传统 WGM 微腔由于采用熔融塑形法制备而成，其结构具有致密性，具体表现在它的表面非常光滑，从而具备了极低的光传输损耗和较高的 Q 值，但也正是这样的结构特征导致它对于气体几乎没有吸附能力，因而无法直接用于气体检测，必须与气敏材料结合才能实现气体传感功能。

本文提出的 SAM 则由纳米颗粒自组装而成，因此具有三维交互连通的纳米级孔隙结构。这样的纳米结构虽然会对光波产生漫反射作用，导致 SAM 的传输损耗增大，但也正是 SAM 内部丰富的孔隙结构，使待测气体分子可以进入 WGM 微腔的内部并大量聚集。根据 WGM 能量的空间分布特征，WGM 几乎所有的光能量都以导波模式集中于微腔的内部，因此孔隙中大量聚集的气体分子能够与 WGM 的导波模式充分作用，不仅能够弥补光传输损耗所造成的性能下降问题，反而更有助于提高对气体的测量灵敏度。

(二)基于 SAM 的氢气传感器与典型光学氢气传感器的对比

将本书所提出的基于 SAM 的氢气传感器与现有的典型光学氢气传感器进行对比，包括基于传统 WGM 微腔结构的氢气传感器和基于经典光纤 Bragg 光栅结构的氢气传感器，对比结果如表 3－6 所示。

表 3－6　SAM 氢气传感器与典型光学氢气传感器的对比

类型	本书		传统 WGM 微腔型	光纤光栅型
	本征型 SAM	Pd-SAM		
氢敏材料	无	Pd 纳米颗粒	Pd 纳米薄膜	Pd/SiO_2 复合薄膜
谐振深度/%	90	57.5	21	未提及
灵敏度/(pm/%)	103	143	140	50
量程/%	0.15～54	0.015～4.5	0.006～1	0.4～4
吸附时间/s	121	172	240	200

通过表 3－6 发现：

（1）本征型 SAM 氢气传感器在无须使用氢敏材料的前提下，仅依靠物理吸附作用，即可获得与现有光学氢气传感器相比拟的测量灵敏度，且具有较低的传输损耗，较短的吸附时间和显著增大的测量范围。

（2）Pd-SAM 传感器因 Pd 材料的加入而产生了比本征型 SAM 更多的光传输损耗，因此导致其光谱的谐振深度减小，但通过本章对 Pd-SAM 传输损耗影响因素的理论分析和制备过程中的关键技术控制，保证了 Pd-SAM 的光传输损耗对传感器的灵敏度、准确度不构成影响。Pd-SAM 相比其他光学氢气传感器，表现出了更高的测量灵敏度，尤其在 0.015% ~0.15% 的痕量氢气检测区间内，传感器的测量灵敏度最高可达 1.33nm/%。

综上，本文所提出的 SAM 光子器件由于突破了传统 WGM 微腔单一的微观结构局限，因此在气体传感尤其是氢气检测方面具有更好的测量灵敏度、量程范围、吸附时间等性能表现，对于深化光子器件在气体传感领域的应用起到了积极的推动作用。

本章充分利用了 SAM 的微纳结构特征，提出了本征型 SAM 和 Pd-SAM 两种氢气传感器。研究了两者分别对氢气的传感机理，并建立了传感方程；分析总结了传感器的结构参数对传感性能的影响规律；明确了基于 SAM 的氢气传感基本理论。以此为基础，进一步研究了这两种氢气传感器的关键制备技术，测试发现本征型 SAM 氢气传感器有 103pm/% 的测量灵敏度和 0.15% ~54% 的测量范围；Pd-SAM 氢气传感器有 143pm/% 的测量灵敏度和 0.015% ~4.5% 的测量范围以及对氢气较强的吸附能力。

通过本章的研究，掌握了 SAM 与功能材料之间以物理嵌合的方式集成为一体的材料修饰方法，验证了 SAM 所特有的介孔微纳结构在传感领域的技术优势。SAM 便于修饰的结构特点不仅有助于提升 SAM 对氢气的传感性能，还有利于 SAM 与其他功能材料结合，构建更多以功能为导向的新型 WGM 微腔光子器件。

第四章　基于自组装微球光纤探针的二氧化碳传感技术

本章继续采用纳米自组装技术所研制的微球光学器件 SAM，并利用化学键合的方式在其孔隙内部修饰了一些特殊的化学官能团，利用这些基团对二氧化碳分子的强吸附特性，实现 F-P 干涉型光纤气体传感器的研制。本章的研究内容包括光纤传感器的结构设计、自组装微球对二氧化碳气体的吸附机制、光纤 F-P 传感器的制备方法、传感器的测试与评价。

第一节　二氧化碳检测的意义与发展现状

自工业革命以来，全球产业快速升级，化石资源的利用率逐年上升，二氧化碳排放量不断增加，造成全球温室效应进程加快。如今，地球表面的大气环境中二氧化碳的浓度已经超过了 430×10^{-6}，这一数值相比工业革命之前提升了 47%。二氧化碳作为最主要的温室气体和工业碳排放物，其过度释放会造成一系列的环境问题，包括但不限于全球变暖、海平面上升、反常性的气候变化以及陆地沙漠化等。为应对全球环境气候的急剧变化，减少碳排放已经成为全球各国同时肩负的重要使命。我国预期在 2030 年前实现碳达峰，2060 年前实现碳中和目标。为了实现这一“双碳”伟大目标，二氧化碳的捕集、利用与封存技术（Carbon Capture，Utilization and Storage，CCUS）成为当前能源领域的研究热点和科技前沿。

在二氧化碳相关的全产业链中，我们需要对其浓度进行监测，以提高二氧化碳气体的转化效率并避免二次泄漏发生。然而，二氧化碳气体是一种酸性氧化物，其性质导致了它对传统的电学类传感器具有腐蚀与损坏的作用。相比之下，光纤传感技术为检测二氧化碳的一种更优选择。光纤具有体积紧凑，免电磁干扰、老化周期长、耐高温高压的优势。因此近年来已有许多光纤二氧化碳传感器的相关报道，其所采用的传感结构包括光纤 Bragg 光栅、长周期光纤光栅、荧光光纤、强倏逝场光纤以及空心光纤等。相比之下，基于折射率变化建立的光纤传感器更利于构建低成本的传感检测系统，因为折射率变化的原理可适用于各种光谱波段，其中包括了 1.31μm 和 1.55μm 的通信传输窗口，所以这一类型的传感器更能够充分利用已有光纤通信设备进行传感系统的搭建。

然而，在自由空间内，由于不同类型气体分子的折射率差异非常小，通常可将气体折射率等效为 1.000，所以某一类气体的浓度变化所引发的折射率改变量微乎其微，导致检测灵敏度极低。近年来有关气敏材料的研究成为光学气体检测领域新的热点。其中，纳米材料由于具备极小的尺寸和极大的比表面积，有利于大幅提升材料对于气体分子的吸附能力，成为气敏材料的主要选择之一。在此基础上，具有特异性吸附作用的纳米多孔隙材料成为近年的研究热点。例如，金属有机骨架(Metal-Organic Frameworks，MOF)材料的孔隙宽度可以进行自由设计，因此这一类材料成为气体传感检测领域的研究新方向，其结构示意如图 4－1 所示。其中，ZIF-8 材料有着 0.34nm 的孔径宽度，与直径为 0.33nm 的 CO_2 分子极为匹配，使其具有较好的气体选择性，成为 CO_2 吸附与检测的一种理想材料。然而这种材料的厚度与合成周期相关，据文献报道，仅制备 330nm 的 ZIF-8 涂层就需要九次反复合成。而光纤气体传感器的检测灵敏度与其表面功能材料的涂覆厚度往往成正比，要利用这一类型材料制备高灵敏度传感器需要非常复杂的制备工艺流程与大量的合成时间。此外，常规光纤传感器是利用其表面倏逝场与气体敏感材料相互作用实现传感功能的，而光纤倏逝场的穿透深度和能量十分有限，导致气体对于光波信号的调制深度不足。最后，这一类气敏材料普遍对光波具有极大的吸收和散射损耗，导致光波在其中传输时的透射率过低，难以兼顾气体响应与光学传输性能。因此目前急需寻找一种对气体具有强特异性吸附作用且光学传播性能优异的气体传感新材料与新器件。

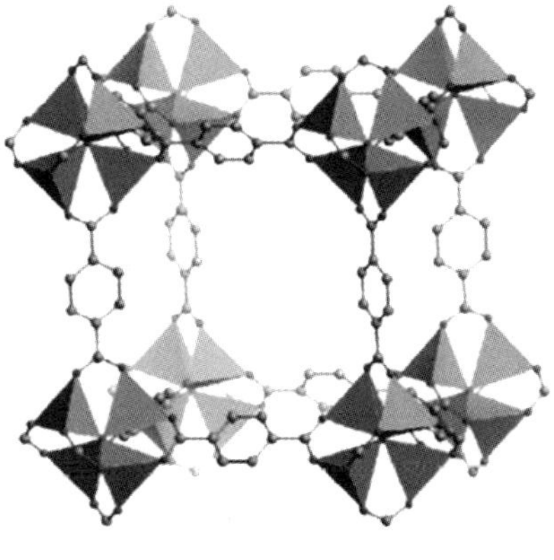

图 4－1 MOF 材料的结构示意

第二节 自组装 F-P 干涉型传感器对二氧化碳的检测机理

一、传感器的结构设计

通过本书第一章的论述可知，SAM 具有非常光滑的表面，因此对于正入射的光波，其前后两个表面能够对光能量进行二次反射。不仅如此，通过合理规划 SAM 在制备过程中的关键材料参数，如 SiO_2 纳米颗粒分散液的浓度和液滴的蒸发温度等，可以制备得到空心体积非常小或完全实心结构的 SAM。本章利用上述 SAM 的光学特征，设计了一种光纤 F-P 干涉型二氧化碳传感器，它的传感结构如图 4－2 所示。传感器主要包含三部分：端面切平的单模光纤(SMF)、表面光滑的自组装微球和末端开放的圆锥毛细管。通过将微球和光纤先后插入毛细管中，并利用毛细管的锥区确保光纤与微球同心对准且紧密贴合，实现图示传感结构。

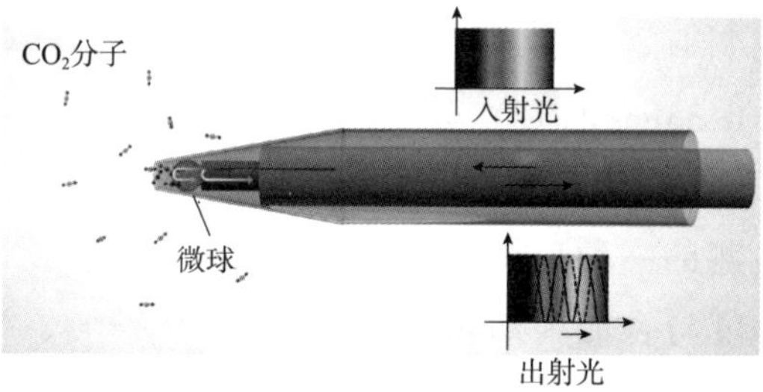

图 4－2 光纤 F-P 干涉型二氧化碳传感器的结构设计

在这一传感结构当中，光波在微球的前表面和后表面先后发生两次反射，在空间光学理论中，反射率的计算方程式可以表示为：

$$R = \frac{(n_1 - n_2)^2}{(n_1 + n_2)^2} \tag{4-1}$$

式中，R 为不同材料交界面的反射率；n_1 为材料 1 的等效折射率；n_2 为材料 2 的等效折射率。其中，光波第一次反射发生在光纤与自组装微球之间，通过计算，这一交界面对光波的反射率为 2.40%，光波的第二次反射发生在自组装微球与空气之间，其反射率的理论计算值为 3.35%。由于这两次反射的效率均比较低，因此光束在微球内部的多重反射作用可以忽略不计。当入射光通过光纤到达 F-P 干涉仪时，将会产生两束不同的反射光：一部分光能量在光纤端面发生反射，另一部分光能量在微球表面发生反射。这两束反射光将先后耦合回到单模光纤，并形成干涉。由于第二束反射光以折返的方式两次沿直径方向经过微球，因此这两束反射光的光程差为 $L=2nD$。根据这一等式，干涉光谱将受到微球直径 D 和折射率 n 的影响。以 SiO_2 自组装微球为例，材料的杨氏模量高达 73GPd，因此其直径 D 不易受到环境因素的干扰发生变化，因此可以将 D 视为常量，干涉光谱主要随 SAM 折射率 n 的变化而改变。因此本章所提出的光纤 F-P 干涉仪是一种典型的折射率调制型传感器。

二、SAM 对气体检测灵敏度的优化设计方法

为了实现传感器核心部件——SAM 对气体折射率的灵敏度最大化，需要构建一种薄膜包覆微球的传感模型进行相关理论分析，如图 4 -3 所示。

该模型由球形内核与包覆其表面厚度均匀的气敏涂层构成，将微球的总直径固定为 D。假设这一传感结构的内核由分子结构致密的球体构成，致密的结构将导致微球对环境折射率变化的灵敏度几乎为零，在此基础上将球体的折射率以 n_c 表示。模型外层的涂层由厚度为 t 的纳米材料构成，由于纳米涂层含有大量的孔隙结构，能够允许外部介质进入，因此涂层的折射率 n_s 将会受到环境折射率变化的影响。在此条件下，推导 F-P 干涉仪的特征波长的数学表达式，由于特征波长等于光程差 L 与干涉级数 l 之比，因此十涉波长的相对变化量可以表示为：

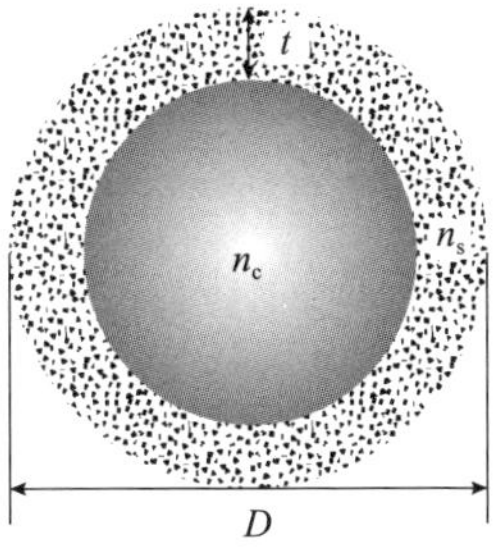

图 4 -3　薄膜包覆微球的传感模型

$$\frac{\Delta\lambda}{\lambda}=\frac{2t\Delta n}{Dn_c+2t(n_s-n_c)}\qquad(0\leqslant t\leqslant D/2)\qquad(4-2)$$

从式(4 -2)可知，传感灵敏度正比于涂层厚度 t。具体而言，当 t 为 0 时，传感器具有最小的气体检测灵敏度，即此时模型对于环境折射率变化量 Δn 的灵敏度为 0；当 $t=D/2$ 时，传感器具有最高的气体灵敏度，等于 $\Delta n/n_s$。根据上述理论推导可知，制备一个全部由纳米材料构成的微球，更有助于实现折射率灵敏度的最大化。

三、二氧化碳气体传感器的工作机制

为了制备一个全部由纳米材料构成的微球，同时保证光波在其中具有良好的

透射率，我们采用了前文所提出的 SiO_2 颗粒在疏水基底表面自组装的制备方案，用于研制二氧化碳气体传感器。在自组装的过程中，纳米颗粒受熵驱动自发排列为密堆积的几何结构。自组装所形成的微球能够同时具有大量的纳米级孔隙，且孔隙之间自发形成了复杂的三维网络结构。因此这一微球能够允许外部气体分子渗透进入每一个孔隙，对微球的折射率形成调制。

除 SiO_2 材料外，对于其他自组装材料，也可以根据自组装理论建立起传感器件折射率与材料折射率、外部环境折射率之间的数学表达式：

$$n_s = \sqrt{\eta \cdot n_p^{\,2} + (1-\eta) \cdot n_h^{\,2}} \tag{4-3}$$

式中，n_h 为自组装微球内部孔隙的折射率；n_p 为自组装纳米材料的折射率；η 为纳米颗粒的填充比例，取值为 74%。利用三维视图对式(4－3)的物理含义进行解释，如图 4－4 所示。根据图 4－4 可知，自组装微球的折射率受孔隙折射率与材料折射率两方面因素的共同影响。若自组装器件作为气体传感器的核心，变量 n_h 将受到外部环境折射率的影响，而 n_p 与环境中的气体浓度无关。因此，自组装微球具有折射率敏感的特性，这也是自组装微球区别于传统微球能够实现气体感知的根本原因。

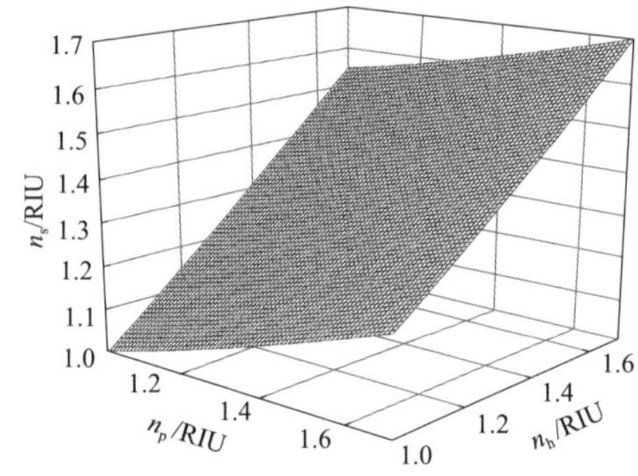

图 4－4　自组装微球的折射率与材料折射率、孔隙折射率的关系

第三节　二氧化碳传感器的制备

光纤 F-P 干涉型二氧化碳传感器的核心部件是纳米颗粒自组装微球。制备该器件的方法在前文中已有详细介绍，此处不再赘述。本节利用 Ultrametrics V-Sorb 2800TP 测试仪对 SAM 的比表面积和孔径宽度进行了表征。测试结果如表 4－1 所示。

表4－1　自组装微球的比表面积及孔隙分析汇总表

比表面积分析报告			
序号	报告项	结果说明	结果值/(m^2/g)
1	单点 BET 比表面积	P/P_0 =0.2643	54.398653
2	多点 BET 比表面积	P/P_0 取点范围为：0.0590～0.2067	56.481090
3	Langmuir 比表面积	单层吸附模型计算结果	74.581403
4	T 图法微孔面积	吸附层：Harkins-Jura 厚度范围：0.3560～0.5424nm	54.309369
5	T 图法外表面积	Sbet-Smicro	2.171721
6	BJH 吸附累积孔内表面积	孔径：1.9927～231.0959nm 吸附层：Harkins-Jura	15.901954
7	BJH 脱附累积孔内表面积	孔径：1.9927～231.0959nm 吸附层：Harkins-Jura	23.185410

孔体积分析报告			
序号	报告项	结果说明	结果值/(m^3/g)
1	最高单点吸附总孔体积	当 P/P_0 =0.9916 时，小于临界孔直径 2.310959nm 的总孔体积	0.145436
2	T 图法微孔体积		0.025194
3	SF 总微体积	当 P/P_0 =0.0931 时，孔直径小于 2.0213nm 的总微孔体积	0.028502
4	BJH 吸附累积孔体积	孔径：1.9927～231.0959nm 吸附层：Harkins-Jura	0.130606
5	BJH 脱附累积孔体积	孔径：1.9927～231.0959nm 吸附层：Harkins-Jura	0.129501

孔径分析报告			
序号	报告项	结果说明	结果值/nm
1	单点总孔吸附平均孔直径	由 $4V/A$ 计算获得，其中 A 为吸附 BET 比表面积值	10.299834
2	BJH 中孔吸附平均孔直径	由 $4V/A$ 计算获得，其中 A 为吸附累积孔内表面积值	32.852927
3	BJH 中孔脱附平均孔直径	由 $4V/A$ 计算获得，其中 A 为脱附累积孔内表面积值	22.532521
4	BJH 中值孔径	孔径：1.9927～231.0959nm 吸附层：Harkins-Jura	8.137566
5	SF 中值孔径	孔径：0.6495～2.0213nm	0.989019

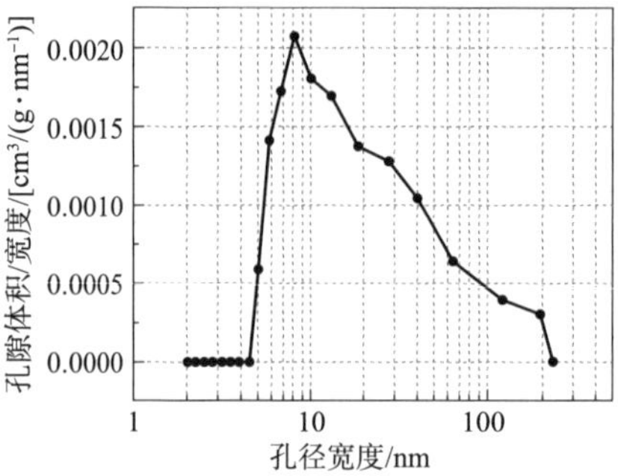

图 4-5　自组装微球内部孔径宽度分布的测试结果

根据表 4-1 的实际测试结果，自组装微球的 Langmuir 比表面积约为 74.58m^2/g，这一结果与粒径为 20nm 的 SiO_2 纳米颗粒比表面积的理论计算值 84.54m^2/g 相近。实际测试结果还给出了孔径宽度的分布情况，如图 4-5 所示，这一曲线的波峰位于 8.13nm 处，与理论计算结果 8.3nm 非常相近。

在 SAM 微球制备完成后，需要采用热熔拉锥的方法制备具有轴对称结构的同心圆锥形毛细管。此处选用的是内径为 300μm 的常规石英毛细管，这一规格的毛细管内径略大于裸光纤的涂覆层外径（225μm），允许光纤插入其中，构建如图 4-2 所示的光纤探针式传感器。对于内径大于 300μm 的毛细管，由于光纤的自由端在其中容易形成悬臂梁效应，使机械结构难以保持稳定，因此不予采用。在利用丁烷火焰对毛细管进行拉锥的过程中，需要对毛细管的同心度进行严格的控制以保证光纤与微球之间的光路始终保持准直。

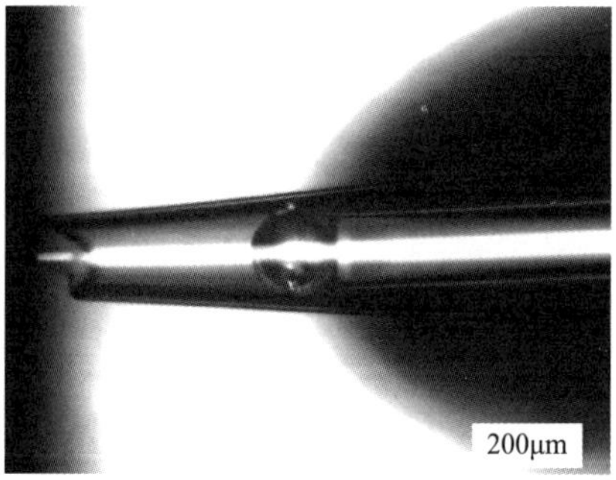

图 4-6　光纤 F-P 干涉型二氧化碳传感器的实物照片

在实际操作过程中，选取了一颗直径为 140μm 的 SAM，其尺寸略大于光纤的包层直径（125μm），因此可以在毛细管的锥区内与光纤端面紧密贴合。将自组装微球、单模光纤与锥形毛细管按照图 4-6 所示的结构进行组装，并利用环氧树脂对光纤和毛细管的尾端进行灌封处理，实现传感结构的固定，保证传感器内部各部件之间相对位置长期稳定。当粘接剂完全固化后，光纤 F-P 干涉型二氧化碳传感器就制备完成了。在图 4-6 所示的传感器中，毛细管的锥角约为 4.4°，壁厚约为 27μm，开口端的直径为 104μm，这一大小的开孔尺寸既可以保证将直径 140μm 的自组装微球限制在毛细管内，又有利于加速目标气体在自组装器件内外的动态交换。

第四节　二氧化碳传感器的性能测试

按照图4－7搭建光纤气体检测系统。这一系统包含光纤传感解调仪Micron Optics SM125，其作用是将光源耦合进入光纤并接收反射光波，同时该设备能够对波长进行解调与波长跟踪。该设备的采样率为2Hz，工作波长范围是1510～1580nm。在气体检测系统中，我们通过质量流量控制器对CO_2和N_2的流速进行控制，从而实现特定比例的气体混合，可以将CO_2的气体测试浓度控制在0～100%范围内。已知CO_2在标准大气压下的折射率为1.000449，N_2在标准大气压下的折射率为1.000298。因此随着CO_2浓度上升，传感器预期将出现干涉波长红移。

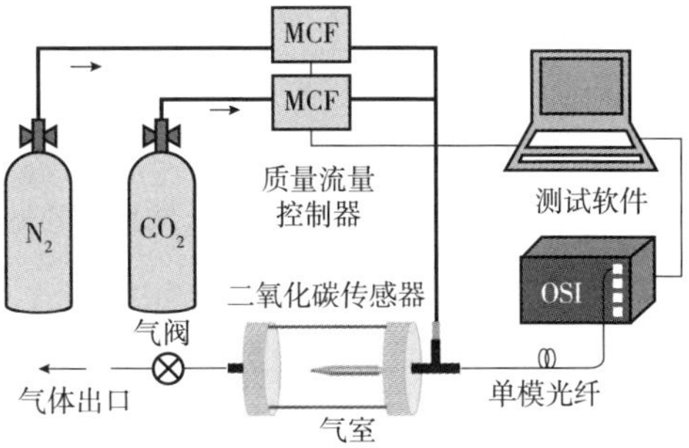

图4－7　基于光纤二氧化碳传感器的气体检测系统

实验过程中，首先将N_2的流速设定为200sccm（标准立方厘米/分钟），同时在0～80sccm范围内调控CO_2的流速，以构建不同的浓度标定环境。本书采用的气室长度为150mm、直径为40mm。为了验证自组装器件的技术优势，实验过程中还专门制备了另一种F-P干涉仪作为参考传感器。参考传感器中的微球选取的是有任何孔隙的SiO_2微球，以代替测试传感器中的SAM，以同样的传感结构制备两种不同的F-P干涉式光纤探针。将参考传感器与测试传感器同步安装在气室中，探究它们对CO_2气体浓度变化的响应趋势。整个气体测量与标定过程均在常温常压下进行。

将传感器放置于纯N_2环境中，可以从光纤传感解调仪的配套软件中提取得到一个消光比高达29dB的干涉光谱，如图4－8中实线所示。这一消光比数值证明了自组装微球具有极低的光传输损耗，能够用于高质量光纤传感器件的研制。干涉光谱具有6.31nm的自由光谱范围，随着气室中CO_2浓度从0上升到1%，干涉光谱沿长波长方向漂移了200pm，且干涉光谱的强度并未发生任何变化。漂移后形成的干涉光谱如图4－8中虚线所示。

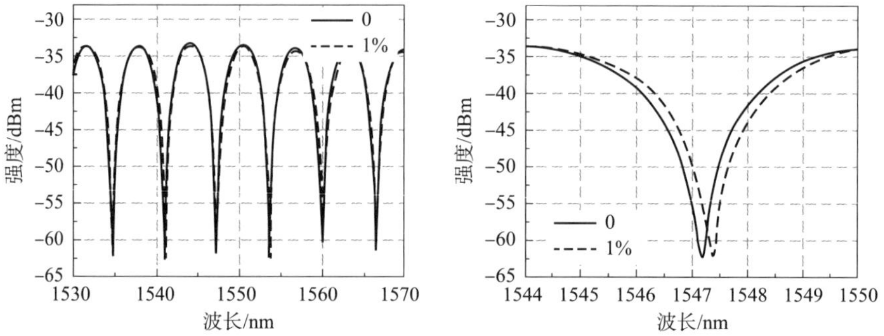

图 4-8　不同 CO_2 浓度下的光纤 F-P 干涉传感器的输出光谱

一、光纤 F-P 传感器的动态响应测试

通过光纤解调仪的峰值跟踪功能，可以提取到干涉光谱的所有峰值波长。以 1550nm 附近的波峰为跟踪目标，在不同的 CO_2 浓度下绘制峰值波长随时间的变化曲线，如图 4-9 所示。图 4-9 中，传感器在不同 CO_2 浓度的条件下，其吸附与脱附曲线均遵循 Fick 定律，即气体的扩散通量与其浓度梯度成正比。根据测试结果可知，波长漂移量与 CO_2 浓度呈正相关关系。图 4-10 建立了波长与气体浓度的对应关系。需要说明的是，SiO_2 纳米颗粒的折射率计算值取 1.475，这一取值的适用波长范围应该是 400~600nm。而随着传感器工作波长从蓝光波段迁移到 1550nm 附近的近红外波段，折射率会有所下降。此外，在实际应用中，需要考虑 SiO_2 表面在水解和电离作用下形成的许多复杂的化学基团，如 NH_2^-、OH^- 和 $HSiO_3^-$ 等，这些基团占据了 SiO_2 纳米颗粒表面许多的有效吸附位点，会在一定程度上造成 CO_2 吸附量的下降。

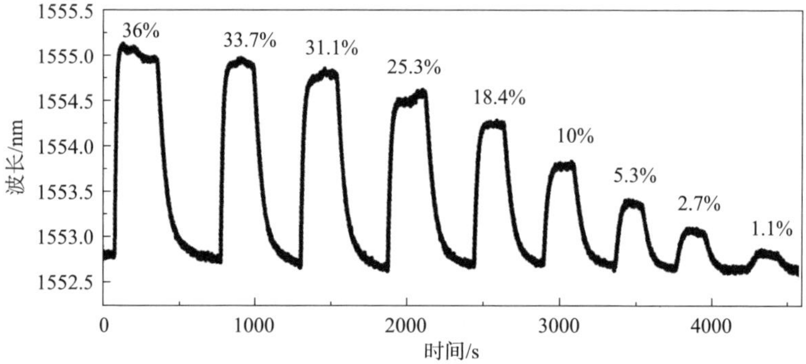

图 4-9　传感器在不同 CO_2 浓度下的波长动态漂移过程

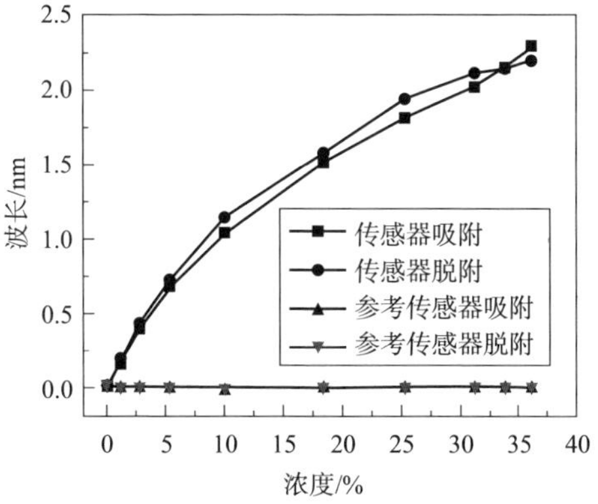

图 4－10　传感器对 CO_2 浓度的响应曲线

通过采用标准 Langmuir 方程，对图 4－10 中的响应曲线进行拟合，得到以下传感方程：

$$\Delta\lambda = \frac{0.1432C}{1 + 0.03715C} \qquad (4-4)$$

这一传感方程与大多数的测试数据吻合，拟合系数高达 0.997。图 4－10 中还进一步展示了参考传感器的测试结果，这一传感器对于 CO_2 的吸附和脱附响应曲线始终维持在传感零点附近，说明这一款传感器对 CO_2 气体不敏感。两款传感器的性能对比清晰地表明了自组装结构在增敏气体传感方面起到了关键性作用。由于光纤解调仪的光谱分辨率为 5pm，根据传感方程，能够推导出传感系统的最低检测限为 350×10^{-6}。结合测试数据，该传感器的测量范围应为 3.5×10^{-4} ~ 3.6×10^{-3}，对应的波长漂移范围是 5pm ~ 2.205nm。由于检测系统的最低检测限低于空气中 CO_2 的平均浓度(412×10^{-6})，因此这一款传感器适用于绝大多数的实际应用场景。

二、传感器的时间响应特性测试

对传感器在不同浓度条件下的响应时间与恢复时间进行统计，其结果如图 4－11 所示。传感器的平均响应时间是 38.6s，当 CO_2 的浓度达到 36% 时，响应时间最短，可低至 21s。需要说明的是，这一响应时间包括气体分子从入口开始扩散并充满整个气室所需的时间。此外，CO_2 分子在气流推动与热运动的作用下，在自组装微球内外建立动态平衡也需要一定的时间。因此实际传感器的响应时间应优于测试结果。传感器的平均恢复时间为 127s，并且当气体浓度为 1.1%

时，达到最快的恢复速度，恢复时间约为100s。恢复时间比响应时间更长的原因在于：气体分子需要从自组装所形成的复杂的孔隙网络结构中脱出，而驱动气体分子脱离的物理机制仅为浓度梯度作用和自由扩散作用，因此需要更多的时间。

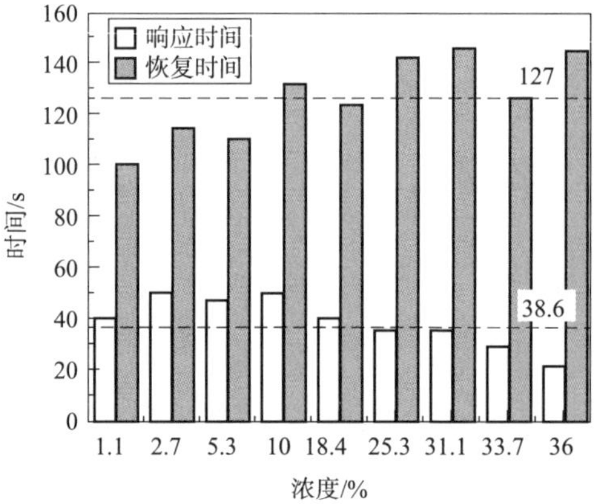

图4-11 传感器在不同 CO_2 浓度下的响应时间与恢复时间

三、传感器的重复性和抗干扰能力测试

在实验过程中，通过反复多次向气室内通入8%浓度的 CO_2，对传感器的重复性进行测试与标定。传感器干涉波长的动态响应曲线如图4-12所示。波长漂移量在0.870~0.905nm范围内。实验结果证明传感器的一致性较好，其标准差低至0.024nm。响应时间在29.5~44.0s范围内，恢复时间在75.5~101.0s范围内。实验结果说明F-P干涉型传感器对 CO_2 检测有着非常好的一致性和重复性。

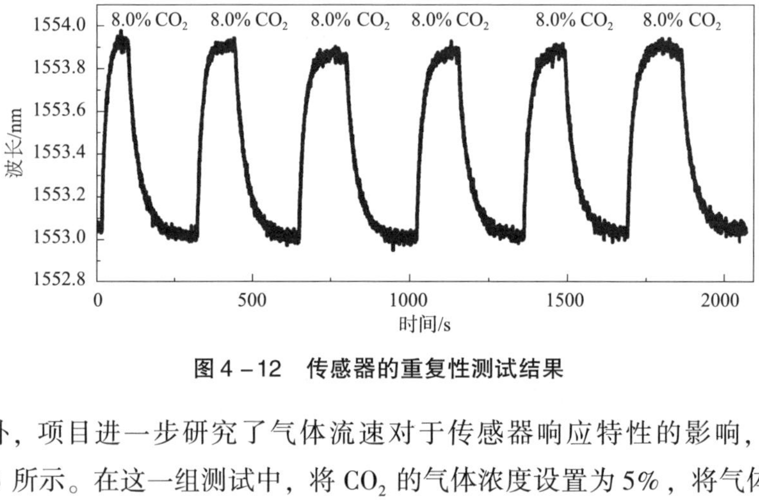

图4-12 传感器的重复性测试结果

此外，项目进一步研究了气体流速对于传感器响应特性的影响，结果如图4-13所示。在这一组测试中，将 CO_2 的气体浓度设置为5%，将气体流速分

别设置为600sccm、300sccm 和150sccm。传感器的波长漂移量分别达到了0.61nm、0.62nm 和0.63nm，说明传感器对于相同的气体浓度具有响应一致性。随着气体流速的增加，传感器的响应时间从67s 下降至43.5s，说明增大气体流速能够加速传感器响应。在不同的流速下，传感器的恢复时间基本保持不变，约为105s。

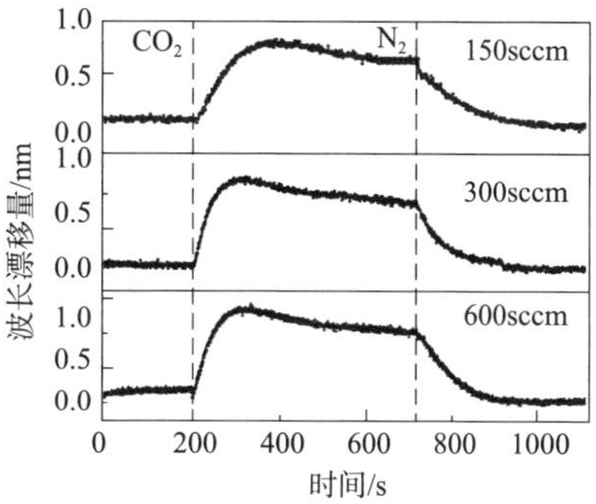

图4－13　传感器对于不同气体流速的动态测试结果

传感器的选择性也是评价其抗干扰能力的重要因素之一。图4－14 给出了自组装传感器对于 CH_4 和 O_2 的动态响应曲线。传感器对于 CH_4 的测量灵敏度约为23pm/%，对于 O_2 的灵敏度则低至6pm/%。相比传感器对 CO_2 的高灵敏识别能力，这一响应极为微弱。分析其原因在于，传感器的气体选择性来源于 SiO_2 纳米颗粒表面所修饰的大量 NH_2^- 和 OH^- 基团。这两种化学基团对 CO_2 分子都具有良好的键合能力，能够与 CO_2 结合并形成新的化学键。同时，这两种化学键的键能微弱，通过 N_2 吹扫，CO_2 能够从SAM 内部脱离，使传感器回到零位。

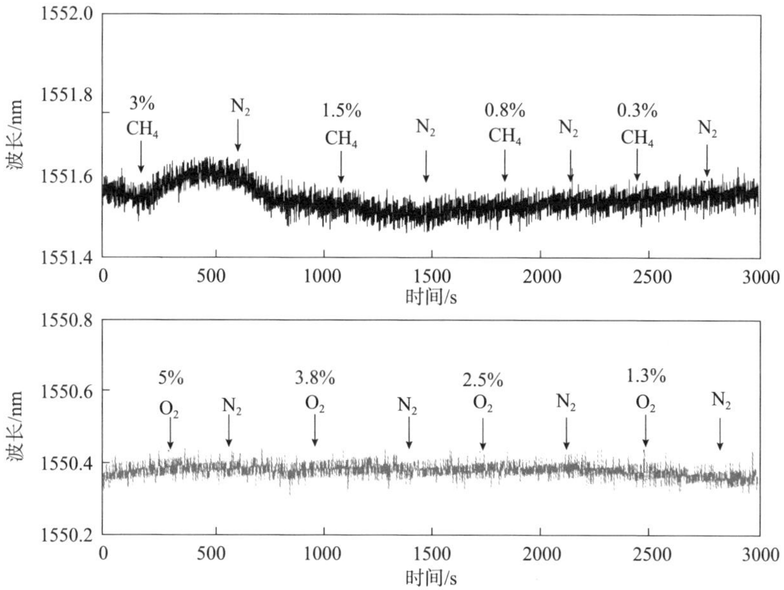

图4－14　传感器对于 CH_4 和 O_2 的动态响应

四、自组装二氧化碳传感器的性能对比与评价

光纤 CO_2 传感器的研究经历了十几年的发展。表 4－2 对比了近期多种不同类型的光纤 CO_2 传感器的灵敏度、检测范围、响应时间和恢复时间。相比之下，笔者所提出的光纤 F-P 干涉型传感器在灵敏度和响应时间方面有着突出的优势。这些优势主要来源于纳米颗粒自组装所形成的三维孔隙网络结构和自组装微球极小的器件体积。通过本章的研究，实现了一种结构创新、低成本和小体积的痕量 CO_2 气体监测传感器。

表 4－2　几种典型的光纤 CO_2 传感器的性能对比

类型	灵敏度	检测范围	响应/恢复时间
光纤 Bragg 光栅型	0.77pm/%	0.78% ~100%	3.27min/3.98min
长周期光纤光栅型	6500pm/%	0.05% ~4%	110s(响应时间)
光子晶体光纤型	4.3pm/%	0.2% ~100%	64s/69s
F-P 光纤干涉仪型	3.5pm/%	0 ~75%	6.1min/8min
光纤 F-P 干涉型	200pm/%	0.035% ~100%	38.6s/127s

本章以 SiO_2 纳米颗粒为自组装基本单元，开展了光纤 CO_2 气体传感技术研究。利用自组装技术，该传感器实现了对目标气体的高密度吸附，所制备的光纤传感器实现了 21s 的快速响应和高达 200pm/% 的灵敏度，检测范围为 0.035% ~ 36%。同时，该器件兼具高选择性、良好的重复性和对气体流速不敏感的特性。参照这一传感器的设计思路，大量的纳米光学材料，如钻石、氧化铝、氧化锌、氧化锆、PS、PMMA 等都可以用于气体传感器研制。这将打破现有的气体原位定性与定量分析的技术瓶颈，也能够进一步解决多组分气体同步检测难题，在未来工业、能源和医疗等领域中有着重要的应用前景。

第五章　基于自组装微球谐振腔的抗体检测技术

本章基于抗原与抗体的特异性反应原理，提出了基于 SAM 的抗体检测传感器结构，并揭示了其对目标抗体分子的传感机理；分析了抗体检测传感器的结构参数对于检测性能的影响规律；掌握了将抗原修饰在 SAM 结构上的传感器制备技术；利用该传感器对待测样本进行了定性分析与定量分析，验证了传感器对目标抗体免疫球蛋白 G(IgG)的有效测量范围为 2 ~ 44μg/mL，对目标抗体免疫球蛋白 M(IgM)的有效测量范围为 2 ~ 47μg/mL。

第一节　抗体检测技术的意义与发展现状

抗体是人或动物的免疫系统针对侵入的病毒或病菌而产生的蛋白性物质，具有抵抗或杀死病毒、病菌的作用。由于抗体的出现标志着感染的发生，因此抗体检测技术被广泛地用于临床诊断、流行性疾病溯源以及疫苗研发等方面。

首先，抗体检测技术是一种诊断准确度高的病毒、病菌感染检测方法。对比同样可以诊断病毒感染情况的核酸检测法可以发现，核酸检测法的准确度与患者采样部位的相关性紧密，若取样部位未被病毒感染，则可能出现假阴性的测试结果。以肺炎感染为例，核酸采样部位的可靠性依次为痰样本 > 鼻拭子 > 咽拭子，因此鼻咽部采样有漏检的风险。而抗体检测的样本取自血液，可以有效避免这一风险。

其次，抗体检测技术具有辅助流行性疾病溯源的功能。由于人体的免疫系统应答过程具有阶段性，即随着病程的发展，患者体内的抗体类型也会发生变化。通常而言，IgM 抗体一般产生于病毒感染后第 5 ~ 7 天，且浓度会持续上升至第 9 天后快速消失；而 IgG 抗体通常产生于病毒感染后第 10 ~ 15 天，并在此后几个月至几年内维持在较高的浓度水平。因此，利用抗体检测的结果可以对确诊病例的感染时间进行估算，有助于疾病溯源并建立疫情扩散的时空图谱，对预防疾病大规模暴发意义重大。

最后，抗体检测技术是疫苗研发和接种过程中的关键手段之一。目前，针对病毒防治的最佳方法是疫苗接种，疫苗接种成功的标志是机体内产生相应的抗体。因此，在疫苗研发阶段，抗体检测结果是评价疫苗有效性的关键指标；而在疫苗接种阶段，抗体检测是复核疫苗是否成功接种的直接证据。

综上，抗体检测技术作为医学研究和临床诊疗的关键性方法，在高致病性、高传染性的流行性疾病暴发时期，发挥着不可替代的重要作用。

一、抗体检测技术的检测目标

应用于生物医疗领域的抗体检测技术需要实现以下检测目标：

(1)对目标抗体进行定性分析。

定性分析是利用抗体检测技术的敏感性和选择性，检测样本中是否包含目标抗体。该功能是辅助医护人员进行准确病情诊断的基础。

(2)对目标抗体进行定量分析。

定量分析是针对样本成分进行精确的含量测定，进而获得目标抗体的具体浓度信息。该功能是对病程准确判断的依据。

临床研究表明，抗体在血液中的浓度水平仅为微克每毫升量级，属于一种痕量分析物，检测难度相对较高，因此抗体检测相关技术具有选择性强、灵敏度高的特点。

二、抗体检测技术的发展现状

随着现代医学的发展，抗体检测技术得到了广泛的研究与应用。目前已步入应用阶段的方法有荧光免疫分析法(FIA)、酶联免疫吸附测定法(ELISA)和免疫胶体金技术(GICT)等。FIA 是于 1941 年问世的一种以荧光物质为标记物的定量、定位生物检测技术，该方法特异性强、灵敏度高，常被用于生物医学的研究阶段。ELISA 作为 1971 年由 Engvall 和 Perlmann 提出的一种以酶作为标记物的定性、定量的免疫测定方法，技术成熟、准确率高，是当前血液常规化验的通用方法。GICT 是 1978 年由 J. Roth 等人率先应用于免疫检测的一种以金纳米颗粒作为标记物的定性生物检测方法，GICT 操作简便、成本低，是制造试剂盒和试纸条的典型方法。

随着现代电子和光子信息技术的发展，新一代无标记（Label-free）生物检测技术吸引了国内外学者的重点关注，其中典型的代表有电化学生物传感器（如电阻型、电容型）、力学生物传感器（如石英晶体微天平型）、光学生物传感器（如表面等离子体共振型、干涉型和光学回音壁模式微腔型）等。无标记生物传感器不仅节省了对昂贵标记物（如量子点、生物酶、同位素、金颗粒等）的消耗，还克服了复杂标记过程对专业仪器设备的依赖，十分有利于构建微型“Lab on Chip”检测芯片，进而有望将生物检测技术从专业实验室扩展到临床、家庭、交通枢纽等各种应用场合，成为生物检测技术的重要发展方向。

三、基于 SAM 的抗体检测技术的优势

SAM 作为一种多孔隙光学回音壁模式微腔光子器件，在抗体检测方面具有三项潜在的优势：

（1）SAM 的多孔隙结构可以与大量抗原分子结合，从而加强对目标抗体的捕获作用，实现低浓度抗体检测。

（2）SAM 具有独特的光传输模式，光波能够沿光学回音壁模式轨道往复传播并与抗体分子反复作用，有助于提高测量灵敏度。

（3）SAM 是一种微型光子器件，对测试样本容量的需求仅为纳升到微升量级，有利于减少采样容量，降低检测成本。

本章是在 COVID-19（新型冠状病毒）全球性扩散的时代背景下开始的一项探索性研究，旨在以新冠病毒抗体——N 蛋白特异性免疫球蛋白（N-Ig）作为检测对象，评估 SAM 抗体检测技术的可行性，并围绕该技术的传感机理、传感性能的主要影响因素、传感器的制备方法以及传感器测试与评价四个方面展开研究。

第二节　自组装微球谐振腔对目标抗体的传感机理

根据自组装微球的器件特征与基础功能，可以发现 SAM 表面具有许多的活性点位与化学基团。若将抗原修饰在 SAM 的孔隙结构中，可以构建对抗体具有识别、捕获作用的抗体检测传感器。该传感器针对不同的抗体浓度，其光学回音

壁模式谐振波长会发生不同程度的波长偏移，因此，通过分析谐振波长的漂移量即可获得待测样本中抗体的浓度信息。

面向目标抗体检测，需要将抗原——COVID-19 病毒的核衣壳蛋白(简称 N 蛋白)与 SAM 结合，构建 N-SAM 传感器。以下将围绕 N-SAM 与 N-Ig 抗体反应的微观过程，以及 N-SAM 谐振波长随 N-Ig 抗体浓度的变化规律开展传感机理的详细研究。

一、N-SAM 与 N-Ig 抗体反应的微观过程

由于 N-SAM 中的 N 蛋白是一种生物活性蛋白，因此需要特殊的液体环境以维持材料的有效性。因此在传感器的保存与使用过程中须将 N-SAM 浸泡在磷酸盐(PBS)缓冲液中以保证 N 蛋白的活性。随后将待测样本滴加在 N-SAM 的传感区中。若待测样本不包含 N-Ig 分子，则 N-SAM 的光学性质不会改变。反之，若待测样本包含 N-Ig 分子，则 N-Ig 会与 N-SAM 中所修饰的 N 蛋白以空间“互锁”的方式紧密结合，产生抗原抗体复合物，过程如图 5－1 所示。抗原抗体反应导致了原本被 PBS 溶液填充的区域被抗体分子占据，因此 N-SAM 传感器内部的物质成分会改变，其光学特性也发生相应的变化。

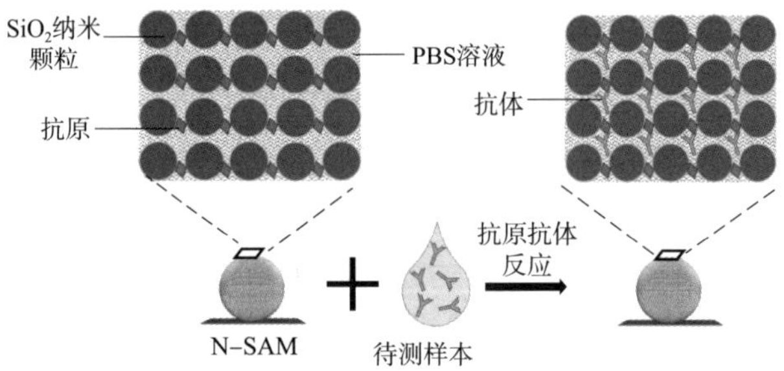

图 5－1　N-SAM 与待测样本中 N-Ig 的结合过程

从 N-SAM 与 N-Ig 的结合过程(图 5－1)可知，抗原抗体反应是 N-SAM 实现抗体检测的关键。抗原抗体反应的基本原理：抗原与抗体在 PBS 溶液中，受液体对流和布朗运动的驱动而彼此靠近，若抗原分子的决定基与抗体分子的可变区形状完全互补，且氨基酸基团的残基完全匹配，它们之间就可以形成新的非共价键，进而结合在一起组成抗原抗体复合物，如图 5－2 所示。抗原与抗体的结合需要化学基团的参与，因此是一种单分子层结合。

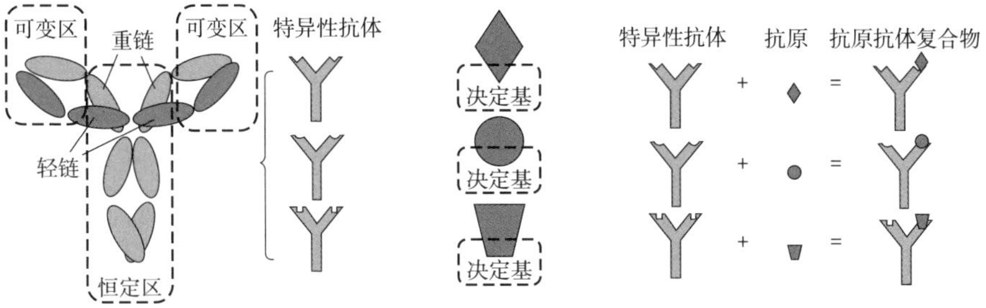

(a) Ig的分子结构　(b)抗原的分子结构　(c)抗原抗体的特异性结合

图 5-2　抗原抗体反应的基本原理

二、N-SAM 的谐振波长随 N-Ig 抗体浓度的变化规律

通过谐振波长检测抗体浓度，首先需要研究 N-SAM 的等效折射率随抗体浓度的变化规律，在此基础上进一步建立谐振波长与抗体浓度的数学关系式。

(一)N-SAM 的等效折射率随抗体浓度的变化规律

N-SAM 由 SiO_2 纳米颗粒、N 蛋白以及 PBS 缓冲液三种物质组成，因此 N-SAM 的初始等效折射率可以表示为三者折射率的加权平均值：

$$n_{NS} = \eta \cdot n_p + \eta_N n_N + (1 - \eta - \eta_N) n_{liquid} \tag{5-1}$$

式中，n_{NS}为 N-SAM 的等效折射率；η 为 SiO_2 纳米颗粒在 N-SAM 中的体积填充比；n_p 为 SiO_2 纳米颗粒的折射率；η_N 为 N 蛋白的结合比，即 N 蛋白在 N-SAM 中的体积填充比；n_N 为 N 蛋白的折射率；n_{liquid}为 PBS 缓冲液的折射率。

从图 5-1 所示的 N-SAM 与抗体的结合过程可知，抗原抗体反应会导致 N-SAM孔隙中增加一定体积的抗体分子，并排出了相应体积的 PBS 溶液，由于抗体分子与 PBS 溶液的折射率不同，因此抗原抗体反应后 N-SAM 的等效折射率为：

$$n_{NS} = \eta \cdot n_p + \eta_N n_N + \eta_{N\text{-}Ig} n_{N\text{-}Ig} + (1 - \eta - \eta_N - \eta_{N\text{-}Ig}) n_{liquid} \tag{5-2}$$

式中，$\eta_{N\text{-}Ig}$为抗体结合比，可以表示为抗体分子在 N-SAM 中的体积填充比例；$n_{N\text{-}Ig}$为抗体的折射率。

对比式(5-1)与式(5-2)可以发现，N-SAM 在与抗体反应后，等效折射率的变化量 Δn_{NS}可以表示为：

$$\Delta n_{NS} = \eta_{N\text{-}Ig}(n_{N\text{-}Ig} - n_{liquid}) \tag{5-3}$$

显然，Δn_{NS}会随着抗体结合比 $\eta_{N\text{-}Ig}$增大而升高。

由于抗体与 N 蛋白的结合方式是单分子层结合，因此 $\eta_{N\text{-}Ig}$可以用单分子层吸附(Langmuir)方程描述：

$$\eta_{N\text{-}Ig} = \eta_N \frac{bC_{N\text{-}Ig}}{1 + bC_{N\text{-}Ig}} \tag{5-4}$$

式中，η_N 为 N 蛋白在 SAM 结构中的结合比例；b 为抗原抗体的结合常数；$C_{N\text{-}Ig}$为待测样本中 N-Ig 抗体的浓度。

将式(5－4)代入式(5－2)中，可以得到 N-SAM 与 N-Ig 抗体反应后的等效折射率 n_{NS}为：

$$n_{NS} = \eta \cdot n_p + \eta_N n_N + (1 - \eta - \eta_N) n_{liquid} + \eta_N \frac{bC_{N\text{-}Ig}}{1 + bC_{N\text{-}Ig}} (n_{N\text{-}Ig} - n_{liquid}) \tag{5-5}$$

通过式(5－5)可知，n_{NS}具有随抗体浓度升高而增大的变化规律。

(二)N-SAM 的谐振波长随抗体浓度的变化规律

本节采用数学推导与仿真分析相结合的方式，对 N-SAM 谐振波长随抗体浓度的变化规律进行研究。

1. N-SAM 传感方程的推导

在 N-SAM 中，WGM 的谐振波长可以表示为：

$$\lambda_{res} = \frac{2\pi R_0 n_{NS}}{l} \tag{5-6}$$

式中，λ_{res}为谐振波长；R_0 为 N-SAM 的半径；n_{NS}为 N-SAM 的等效折射率；l 为光波以 WGM 传输的模量。

将式(5－5)代入式(5－6)中，可以得到 N-SAM 的谐振波长 λ_{res}随抗体浓度的变化规律。

$$\lambda_{res} = \frac{2\pi R_0}{l}\left[\eta \cdot n_p + \eta_N n_N + (1 - \eta - \eta_N) n_{liquid} + \eta_N \frac{bC_{N\text{-}Ig}}{1 + bC_{N\text{-}Ig}} (n_{N\text{-}Ig} - n_{liquid})\right] \tag{5-7}$$

式中，SiO_2、N 蛋白、N-Ig 抗体、PBS 溶液的折射率(n_p、n_N、$n_{N\text{-}Ig}$、n_{liquid})为常量；纳米颗粒的体积填充比 η_N 由自组装结构决定，也为常量；R_0 为 N-SAM 的半径，是可以调整的结构参数；N 蛋白的结合比 η_N 由 SiO_2 纳米颗粒的粒径决定，也是可以调整的结构参数；光波的模量 l 由传感器的工作波段和半径共同决定；$C_{N\text{-}Ig}$为 N-Ig 抗体浓度；λ_{res}为传感器的输出信号。因此式(5－7)即为 N-SAM 检测抗体的传感方程。

2. N-SAM 传感方程的仿真参数选择

对传感方程进行仿真分析，需要确定仿真参数的取值，如表 5－1 所示。

表 5－1　N-SAM 谐振波长的仿真参数

参数	取值
SiO_2 纳米颗粒的体积填充比 η	0.74
SiO_2 纳米颗粒的折射率 n_p	1.475
N 蛋白的折射率 n_N	1.56
N-Ig 抗体的折射率 $n_{N\text{-}Ig}$	1.50
PBS 缓冲液的折射率 n_{liquid}	1.3338
抗原抗体的结合常数 b/(L/mol)	6.4×10^2
SiO_2 纳米颗粒的粒径 ϕ/nm	50
N-SAM 的工作波段 λ/nm	1550 左右

表 5－1 中，需要说明的是：

(1) SiO_2 纳米颗粒的体积填充比 η 由自组装结构的空间排列方式决定，当 SiO_2 纳米颗粒以面心立方结构自组装时，$\eta=0.74$。

(2) PBS 缓冲液的折射率 n_{liquid} 由阿贝折光仪测定得到，$n_{liquid}\approx1.3338$。

(3) SiO_2 纳米颗粒的粒径与实际制备 N-SAM 的材料规格一致，$\phi=50$nm。

(4) N-SAM 的工作波长为光纤的通信 C 波段窗口，λ 取值为 1550nm 左右。

(5) SiO_2 纳米颗粒的折射率 n_p、N 蛋白的折射率 n_N、N-Ig抗体的折射率 $n_{N\text{-}Ig}$、抗原抗体的结合常数 b 的取值来源于相关研究文献。

3. N-SAM 传感方程的仿真结果与分析

利用表 5－1 中的仿真参数，对式 (5－7) 进行仿真分析，得到当 SAM 的半径在 50～300μm 范围内时，N-SAM 传感器的谐振波长随抗体浓度的变化规律，如图 5－3 所示。

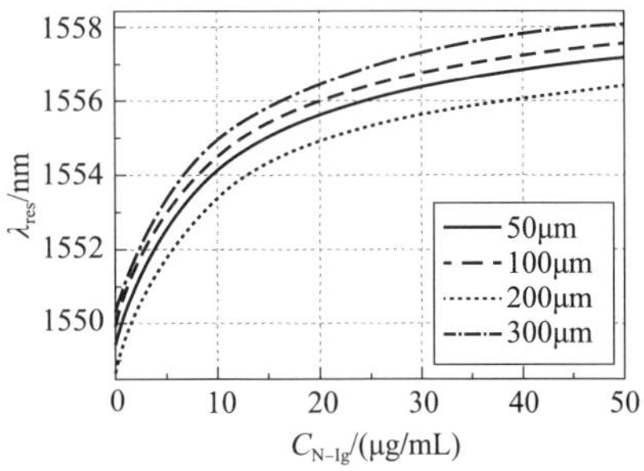

图 5－3　N-SAM 传感器的谐振波长随抗体浓度的变化规律

根据仿真结果，可以发现：

(1) N-SAM 的谐振波长与抗体浓度之间具有单调递增的关系。

（2）不同半径的 N-SAM 传感器的测量灵敏度几乎一致，但具有不同的传感器测量零位。分析其原因在于，根据 WGM 的谐振条件，光波传输一个周期的光程必须是谐振波长的整数倍，因此不同半径的 N-SAM 中谐振波长的初始位置会产生一定差异。

（3）N-SAM 传感器的响应曲线随抗体浓度增大逐渐趋于平缓。分析其原因在于，传感器对抗体的捕获会导致 N-SAM 中可以与抗体结合的有效 N 蛋白不断减少，引起传感器在高浓度条件下对抗体的灵敏度降低。

总结 N-SAM 的传感机理：SAM 作为一种具有多孔隙结构特征的光子器件，能够与 N 蛋白大量结合，从而提高对 N-Ig 抗体的捕获能力，由此导致 N-SAM 的等效折射率发生变化；由于光在 N-SAM 中传播具有回音壁模式，因此光波在沿 WGM 轨道往复传播的过程中会与捕获的抗体分子反复作用，进而增强了抗体对光波的调制能力，并引起 WGM 的谐振波长发生偏移。通过对传感方程式（5－7）的推导与仿真，N-SAM 的谐振波长具有随 N-Ig 抗体浓度增大而单调上升的规律。

第三节　传感器性能的主要影响因素

分析 N-SAM 传感器性能的影响因素是制备高质量传感器的前提。对于 N-SAM 传感器，可调控的结构参数有 SAM 的半径和组成 SAM 的 SiO_2 纳米颗粒的粒径。以下将通过分析它们对传感器测量灵敏度、传输损耗和量程范围的影响规律，获得传感器的优化结构参数。

一、影响传感器测量灵敏度的主要因素及规律

（一）SAM 的半径对测量灵敏度的影响规律

根据 N-SAM 的传感方程式（5－7），利用表 5－1 中的仿真参数，通过数值计算得到在不同半径的情况下，N-SAM 传感器的谐振波长随 N-Ig 抗体浓度的变化规律，如图 5－4 所示。

由图 5－4 可知，SAM 的半径对其测量灵敏度不产生影响。原因在于，通过分析式（5－4）和式（5－5）发现，N-Ig 的抗体结合比是引起 N-SAM 的等效折射率变化进而导致谐振波长漂移的直接原因，而 N-SAM 半径的大小并不会影响N-Ig

的抗体结合比，因此对传感器的测量灵敏度不产生影响。

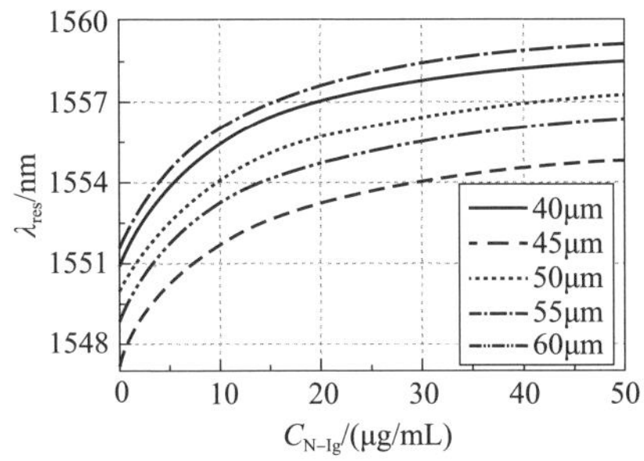

图5－4　不同半径的 N-SAM 传感器对抗体浓度的响应

（二）SiO_2 纳米颗粒的粒径对测量灵敏度的影响规律

依据 N-SAM 的传感机理，目标抗体需要进入 N-SAM 的孔隙与 N 蛋白发生结合反应以实现抗体检测，因此 N-SAM 的孔径成为影响传感器功能的重要参数。根据本书第三章第五节第二部分的研究，N-SAM 的孔径完全取决于 SiO_2 纳米颗粒的粒径，所以 SiO_2 纳米颗粒的粒径可以通过影响 N-SAM 的孔径决定其测量灵敏度。

1. SiO_2 纳米颗粒粒径的选择范围

根据 SAM 孔径的计算公式［式(1－20)～式(1－25)］可知，SAM 的最小(三角形平面单元)孔径 $\phi_{P_{min}}$ 和最大(八面体单元)孔径 $\phi_{P_{max}}$ 分别为：

$$\phi_{P_{min}} = 0.155\phi \tag{5-8}$$

$$\phi_{P_{max}} = 0.633\phi \tag{5-9}$$

式中，ϕ 为 SiO_2 纳米颗粒的粒径。根据已有研究文献，抗原抗体复合物的直径约为 30nm。因此为保证传感器功能，将 SAM 的孔径 ϕ_P 以 30nm 表示，对式(5－8)和式(5－9)求解，得到 ϕ 的选择范围为 48～194nm，其结构如图 5－5 所示。

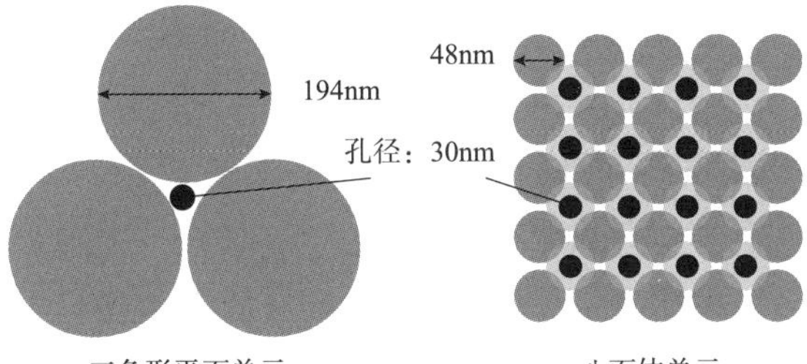

图5－5　具有相同孔径的两种 SAM 结构单元

2. SiO_2 纳米颗粒粒径对 N 蛋白结合比的影响规律

根据式(5－4)可知，N 蛋白结合比 η_N 是决定传感器性能的重要参数：η_N 越大，传感器对抗体的捕获能力越强。为分析方便，假设每一个孔径大于 30nm 的孔隙均可以与 N 蛋白分子结合。根据本书第三章第五节对 SAM 微观结构的分析，建立 SiO_2 纳米颗粒的粒径对 N 蛋白结合比的影响规律，如表 5－2 所示。

表 5－2　SiO_2 纳米颗粒的粒径对 N 蛋白结合比例的影响规律

SiO_2 纳米颗粒的粒径/nm	N 蛋白可以结合的孔隙	N 蛋白结合比/%
$\phi<48$	无	0
$48\leqslant\phi<116$	八面体孔隙	5.2
$116\leqslant\phi<194$	八面体、四面体孔隙	9.1
$\phi\geqslant194$	所有孔隙	13.0

据表 5－2 可知：

(1)当 $\phi<48$nm 时，SAM 结构中 N 蛋白结合比为 0。原因在于在这一粒径范围内，SAM 的所有孔径均不足 30nm，抗体与抗原无法在孔隙中发生反应，因此 N 蛋白的结合比理论上应为 0。

(2)N 蛋白结合比会随着 SiO_2 纳米颗粒粒径增大而离散性地升高。其主要原因在于当 $48\text{nm}\leqslant\phi<116\text{nm}$ 时，SAM 中八面体孔隙的孔径达到 30nm，抗体可以与该孔隙中的 N 蛋白发生反应。而根据自组装结构(图 1－18)，八面体孔隙在 SAM 中的体积填充比为一个确定的值，即 10.4%，因此 N 蛋白结合比为该数值的一半，即 5.2%。当 $116\text{nm}\leqslant\phi<194\text{nm}$ 时，SAM 中四面体孔隙的孔径也达到了 30nm，此时抗体可以与八面体、四面体两种孔隙内的 N 蛋白发生反应，由于这两种孔隙的体积填充比之和为 18.2%，因此 N 蛋白结合比为 9.1%。

(3)N 蛋白结合比存在上限 13.0%。当 $\phi\geqslant194$nm 时，SAM 中所有孔径均大于 30nm，抗体可以与任意孔隙中修饰的 N 蛋白发生反应，由于孔隙的体积在自组装结构中为 26.0%，见式(3－28)，因此 N 蛋白的结合比也相应地存在上限(13.0%)。

3. 粒径对 N-SAM 传感器测量灵敏度的影响规律

将表 5－2 中的 N 蛋白结合比代入传感方程式(5－7)中进行仿真研究。仿真过程中，鉴于 N-SAM 的半径不影响传感器的测量灵敏度，不失一般性地将 N-SAM 的半径规定为 50μm，在不考虑粒径影响光传输损耗的情况下，得到不同粒径的 N-SAM 传感器的输出谐振波长 λ_{res} 随待测抗体浓度 $C_{N\text{-}Ig}$ 的变化规律，如

图 5 –6 所示。

图 5 –6 中，响应曲线的变化规律具有以下特征：

(1)在 $\phi<48\text{nm}$ 的条件下，由于 N 蛋白结合比为 0，SAM 传感器对目标抗体不具有捕获能力，因此对任何抗体浓度都没有响应。

(2)当 $\phi\geqslant48\text{nm}$ 时，由于不同粒径条件下，N 蛋白结合比不同，因此 N-SAM 传感器的测量灵敏度会随粒径增大而离散性地升高。

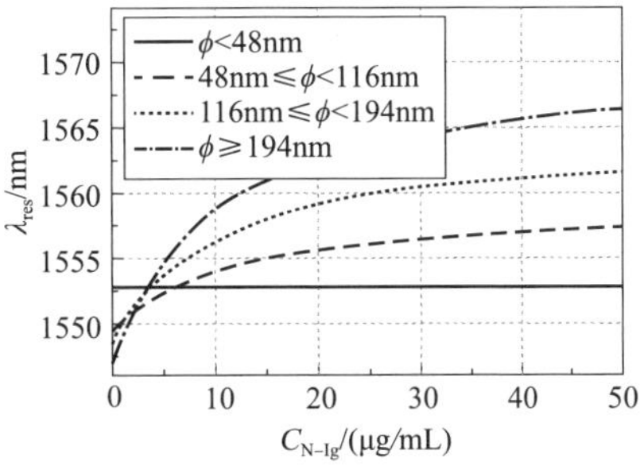

图 5 –6　不同粒径条件下 N-SAM 传感器对抗体浓度的响应

(3)当 $\phi\geqslant194\text{nm}$ 时，由于 N 蛋白的结合比达到上限，因此，N-SAM 传感器的测量灵敏度在这一范围内保持恒定不变。

结合以上理论分析与仿真研究可以确定，制备 N-SAM 传感器须保证 SiO_2 纳米颗粒的粒径 $\phi\geqslant48\text{nm}$，在此基础上，若选择粒径 $\phi\geqslant194\text{nm}$ 可使 N-SAM 传感器的测量灵敏度最大化。

二、影响传感器传输损耗的主要因素及规律

依据本书第一章第五节第二部分的研究，N-SAM 传感器的传输损耗正比于 SiO_2 纳米颗粒的消光系数 C_{ext}：

$$C_{ext}-\sigma_{ext}\cdot\pi\cdot\left(\frac{\phi}{2}\right)^2 \tag{5-10}$$

式中，σ_{ext}为 SiO_2 纳米颗粒的消光截面，由 SiO_2 材料的复介电常数决定；ϕ 为 SiO_2 纳米颗粒的粒径。根据式(5 –10)可知，SiO_2 纳米颗粒的粒径越大，其消光系数越高，N-SAM 的传输损耗也会越大。

由于光波在 SAM 中的传输损耗过大会导致 WGM 谐振光谱的信噪比降低，进而造成谐振波长分辨的困难，影响测量精度，因此为了保证光波在 SAM 中传播具有较小的传输损耗，应选择粒径更小的 SiO_2 纳米颗粒用于制备 SAM。

三、影响传感器量程的主要因素及规律

N-SAM 传感器对抗体浓度的响应是谐振波长的变化量，因此当传感器的测量灵敏度一定时，*FSR* 越大，传感器的量程范围越宽。N-SAM 传感器的 *FSR* 为：

$$FSR \approx \frac{\lambda^2}{2\pi R_0 n_{NS}} \tag{5-11}$$

式中，λ 为传感器的工作波长；R_0 为 N-SAM 的半径；n_{NS} 为 N-SAM 的等效折射率。

根据式(5－11)可知，N-SAM 传感器的 FSR 会随半径 R_0 减小而增大，但是，为了避免 N-SAM 的半径过小导致强烈的米氏散射效应，一般需要将 N-SAM 的最小直径规定为传输光波长的 10 倍，若将传输光波长选择为 1.55μm，则 N-SAM 的直径应为 15.5μm。

四、SiO_2 纳米颗粒的粒径对传感器性能影响的综合分析

鉴于 SiO_2 纳米颗粒的粒径越大，传感器的测量灵敏度越高，但传输损耗也会随之而增大，所以制备综合性能更好的传感器需要兼顾灵敏度与传输损耗两方面性能指标。本节提出将 N-SAM 的测量灵敏度与消光系数的比值(G 值)作为 N-SAM 传感器综合性能的评定指标。

$$G = \frac{S}{C_{ext}} = \frac{\Delta\lambda/\Delta C_{N\text{-}Ig}}{C_{ext}} = \frac{\Delta\lambda}{\Delta C_{N\text{-}Ig} C_{ext}} \tag{5-12}$$

式中，S 为 N-SAM 传感器的灵敏度，以 0～50μg/mL 抗体浓度范围内传感器的平均测量灵敏度表示；C_{ext} 为 SiO_2 纳米颗粒的消光系数；$\Delta\lambda$ 为 N-SAM 谐振波长变化量；$\Delta C_{N\text{-}Ig}$ 为 N-Ig 抗体浓度的变化量。

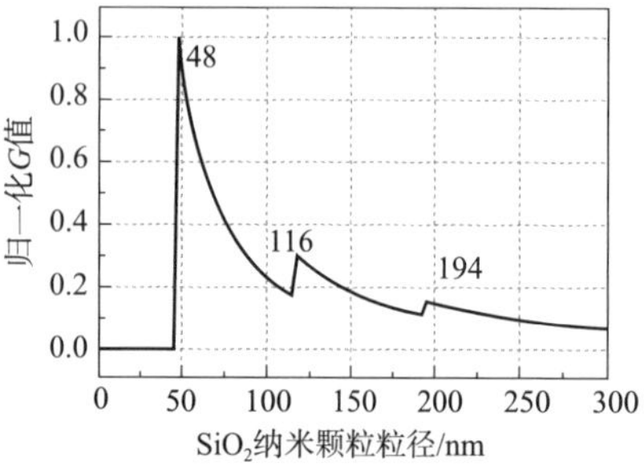

图 5－7 传感器的 G 值随 SiO_2 纳米颗粒粒径的变化规律

式(5－12)表明传感器的灵敏度越高或 SiO_2 纳米颗粒的消光系数越低，N-SAM 的 G 值就越大，意味着传感器的综合性能越好。将式(5－7)和式(5－10)代入式(5－12)，并结合图 5－6 中的仿真数据，建立归一化 G 值与 SiO_2 纳米颗粒粒径的关系，如图 5－7 所示。

图 5－7 中，在粒径取值大于 48nm 的有效范围内，G 值曲线总体呈现随粒径增大而下降的趋势；当粒径取值为 48nm 时，N-SAM 具有最大的 G 值，此时 N 蛋白的结合比例为 5.2%，N-SAM 平均测量灵敏度的理论值为 0.154nm/(μg/mL)，传输损耗约为 0.78dB。因此粒径选择 48nm 在兼顾传感器的灵敏度与传输损耗方面达

到了最佳效果，是制备 N-SAM 的最优结构参数。

综上所述，通过分析 SiO_2 纳米颗粒的粒径和 SAM 的半径对传感器性能的影响规律，确定了 N-SAM 抗体检测传感器的优化结构参数：

(1)基于 N-SAM 的传感机理和光散射理论，SiO_2 纳米颗粒的粒径会对传感器的测量灵敏度和光传输损耗产生影响。经过综合分析，选取粒径 ϕ 为 48nm，可以使 N-SAM 的平均灵敏度达到 0.154nm/(μg/mL)，同时具有较低的传输损耗(0.78dB)，进而保证了传感器具有更好的综合性能。

(2)依据 N-SAM 的传感机理，N-SAM 的半径不影响其测量灵敏度，但与量程成反比。因此在考虑了米氏散射效应的影响后，为扩大量程范围，选取 N-SAM 的直径为 15.5μm，使其自由光谱范围 *FSR* 为 11.0nm，进而获得较大的量程(0 ~ 71μg/mL)，以匹配抗体浓度的临床变化区间。

第四节　抗体检测传感器的制备

本节主要提出了 N-SAM 抗体检测传感器的结构，给出了传感器的制备材料，掌握了 N-SAM 和传感器基底的制备工艺过程，利用 N-SAM 与熔锥光纤耦合构建了 N-SAM 传感器，并说明了其结构参数与使用方法。

一、N-SAM 抗体检测传感器的结构与制备材料选择

N-SAM 抗体检测传感器，由 N-SAM、传感器基底和熔锥光纤三部分组成，如图 5 – 8 所示。

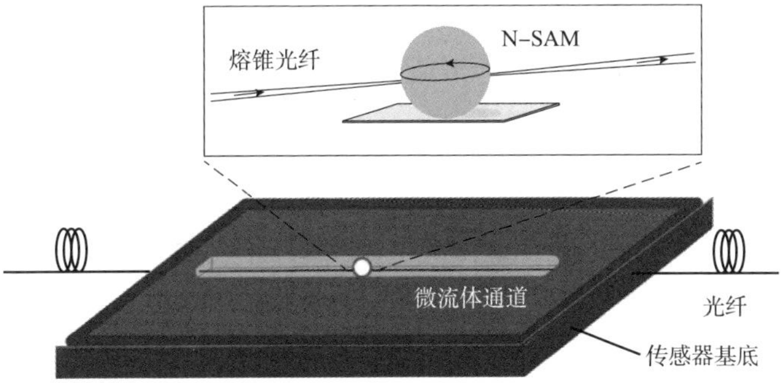

图 5 – 8　N-SAM 传感器的结构

在传感器结构中，N-SAM 的作用是识别、捕获目标抗体分子；传感器基底的作用不仅是固定 N-SAM 与熔锥光纤，更为待测液体样本与 N-SAM 进行稳定反应提供了微流体通道；熔锥光纤的作用则是与 N-SAM 近场耦合，实现 WGM 的激发与信号采集。熔锥光纤的制备工艺过程在前文中已有详细说明，本节不再赘述。

N-SAM 抗体检测传感器的主要制备材料如表 5－3 所示。根据理论分析结论，SiO_2 纳米颗粒粒径的最优选择为 48nm，鉴于目前已有粒径为 50nm 左右的 SiO_2 纳米颗粒商业化产品，本章选用了这一产品制备 N-SAM。

表 5－3　制备 N-SAM 的材料和试剂来源

材料和试剂	来源
50nm 粒径的 SiO_2 纳米颗粒分散液	爱为科研品牌
3-氨丙基三乙氧基硅烷(APTES)	麦克林品牌
甲醇	天津市致远化学试剂有限公司
新型冠状病毒 2019-nCoV 重组 N 蛋白	杭州索莱尔博奥生物技术有限公司
PBS 磷酸盐缓冲液	Scientific phygene 品牌
牛血清蛋白(BSA)	北京博奥华医生物科技有限公司
亲水试剂(mesophilic-2000)	武汉介观生物科技有限责任公司

二、N-SAM 的制备工艺过程

N-SAM 主要通过硅烷偶联技术制备而成。由于 N 蛋白是一种有机生物大分子材料，无法直接修饰在由无机材料 SiO_2 所组成的 SAM 上，需要利用硅烷基团作为材料修饰的媒介。硅烷基团的结构特点在于：一端是硅烷基，可以与 SiO_2 纳米颗粒表面丰富的羟基结合；另一端是胺基，可以与生物大分子结合，因此硅烷基团成为有机物与无机物连接的桥梁。利用硅烷偶联技术制备 N-SAM 的完整流程如图 5－9 所示，其制备步骤如下：

(1)自组装 SAM。利用浓度为 40% 的 SiO_2 纳米颗粒分散液，通过流体断裂自适应方法，在超疏水基底上蒸发自组装制备 SAM。由于 SAM 需要进行一系列化学处理，为操作方便，选用内径为 60μm 的流体通道，制备得到半径约为 100μm 的 SAM。

(2)硅烷化处理。利用 5% 浓度的 APTES 甲醇溶液在 50℃ 条件下与 SAM 反应 3h，使 SAM 具有大量空白的胺基，之后用去离子水洗涤 3～5 次，并将 SAM

在 120℃条件下加热 20min，以增强硅烷基团与 SAM 结合的键能。

(3)抗原偶联。室温条件下，将硅烷化的 SAM 在浓度为 100μg/mL 的 N 蛋白溶液中孵化 2h，使 N 蛋白与胺基充分反应，之后取出 SAM 并用去离子水洗涤 3～5 次，以去除结合不完全的 N 蛋白分子。

(4)蛋白封闭。室温条件下，用浓度为 20μg/mL 的牛血清蛋白(BSA)溶液与 SAM 反应 30min，随后取出 SAM 并用去离子水洗涤 3～5 次。该步骤封闭了 SAM 中空白的胺基，有助于防止测试过程中其他生物分子与胺基结合对测试结果产生干扰。

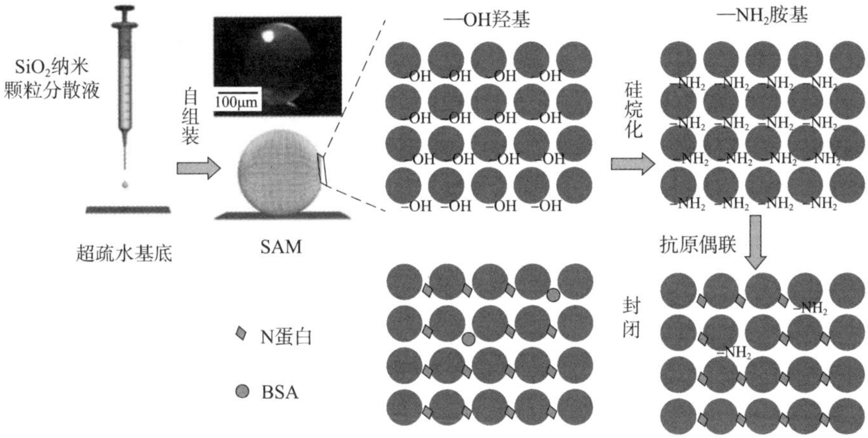

图 5－9　N-SAM 的制备流程示意

通过上述制备步骤得到了半径为 100μm 的 N-SAM 光子器件，如图 5－10 所示。制备完成后的 N-SAM 需要保存在 PBS 缓冲液中以维持 N 蛋白的长期活性。

图 5－10　N-SAM 的实物照片

三、传感器基底的制备工艺过程

由于 N-SAM 传感器检测的是液体样本，需要传感器的基底具备流体通道结构，以提供稳定的反应环境。流体通道需要控制其容积和亲水性：通道的容积越小，传感器对待测样本的容量需求就越少；而亲水性越强，越有利于待测液体样本迅速而稳定地浸没通道内的 N-SAM。

根据上述要求，传感器基底的制备步骤如下：

(1)在尺寸为 25mm×25mm×3mm 的 PMMA 基底表面，利用机械刨削与打磨抛光相结合的方法制备一个宽度和深度均为 1mm、长度为 25mm 的流体通道。

(2)用亲水试剂(mesophilic-2000)处理传感器的流体通道 1min。

(3)通过空气吹扫的方法将试剂排出，并用去离子水洗涤 2~3 次。

完成以上制备步骤后，得到了抗体检测传感器的专用基底。基底通道的容积约为 25μL，对待测样本的容量要求仅为 1~2 滴。通道的表观接触角从未处理前的约 26.8°减小至约 3.3°，如图 5-11 所示，该通道对待测样本具有非常好的亲和性。

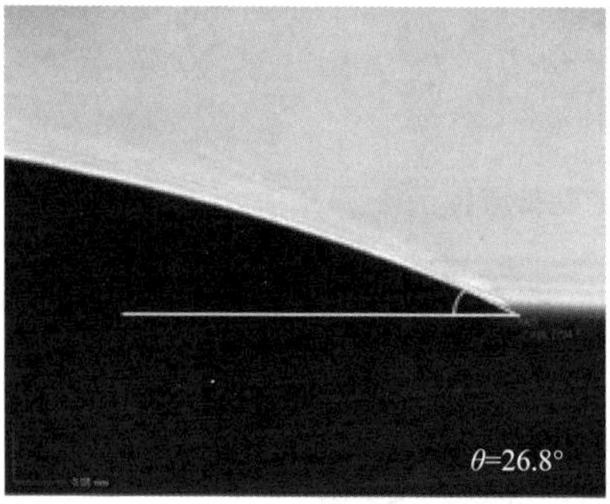

(a)亲水处理前的通道

(b)亲水处理后的通道

图 5-11 传感器流体通道的亲水性测试

四、N-SAM 与光纤的耦合方法

熔锥光纤近场耦合法作为一种操作简便、能量交换效率高的 WGM 激发方法，可以用于制备高性能 N-SAM 传感器。N-SAM 与光纤耦合的具体步骤为：

(1)固定 N-SAM。由于硅凝胶的化学性质稳定，不会与样本溶液发生反应，且折射率低(1.345)不会造成光能量泄漏，因此选用硅凝胶将 N-SAM 固定在传感器基底的流体通道中。

(2)连接光路。将传感器基底和熔锥光纤安装在组装平台上，并将光纤的尾纤分别与光源、光谱仪相连。

(3)N-SAM 与光纤耦合。调整熔锥光纤使其平行进入传感器的流体通道，并调节 N-SAM 与熔锥光纤的耦合参数，使两者在保证结构稳定性的前提下，逼近最佳耦合条件。

(4)固定光纤。用环氧树脂将光纤远离腰区的两端固定在传感器基底上。

待环氧树脂完全固化后，N-SAM 抗体检测传感器制备完成，如图 5-12 所示。

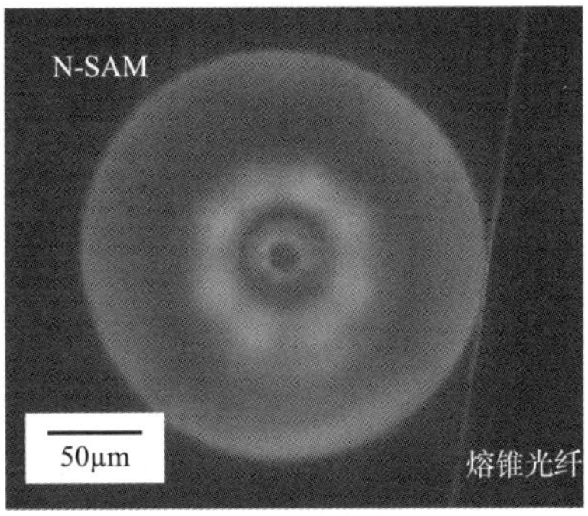

图 5-12　N-SAM 抗体检测传感器实物图

五、N-SAM 传感器的结构参数与使用方法

根据传感器优化结构参数的理论分析以及传感器制备工艺的研究，实际制备得到了 N-SAM 传感器，该传感器具有以下结构特性：

(1)流体通道的容积为 25μL，表观接触角为 3.3°，与水溶液有极好的亲和性。

(2)N-SAM 由粒径为 50nm 的 SiO_2 纳米颗粒和 N 蛋白分子构成，半径达到了 100μm，N-SAM 被安置于传感器基底的流体通道的中心。

(3)光纤的熔锥区长度为 18mm，腰区直径为 1.1μm，与 N-SAM 的耦合点直径为 2μm。

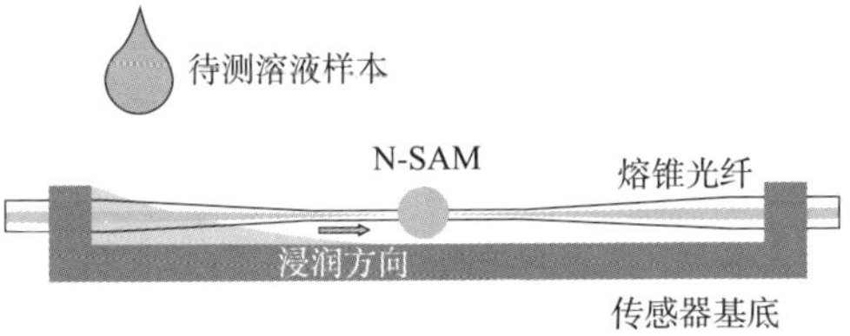

图 5-13　N-SAM 抗体检测传感器的剖面示意

N-SAM 传感器在使用过程中，需要将待测溶液样本沿流体通道的边缘注入，之后，液体将在表面张力和通道亲水作用的共同牵引下，向 N-SAM 快速而稳定地延展，进而浸润整个流体通道，如图 5-13 所示。通过检测光纤中传输光波的谐振波长，即可获得待测样本的抗体浓度信息。

综上所述，在 N-SAM 传感器的制备过程中，首先提出了合理的 N-SAM 传感器结构；其次采用向最优参数逼近的原则选择粒径合适的 SiO_2 纳米颗粒，并结合硅烷偶联技术，成功制备了 N-SAM 抗体检测传感器。由于该传感器具有微升量级的亲水流体通道结构，因此有望与微流控系统进一步结合，从而形成一种新型光流控传感器件。

第五节 抗体检测传感器的性能测试与评价

为验证 N-SAM 传感器对抗体的检测性能，本节搭建了 N-SAM 传感器测试平台，并对测试样本的浓度范围进行选择，开展了传感器的定性分析和定量分析检测，获得了传感器的灵敏度和测量范围，并对 N-SAM 传感器的性能指标进行了客观评价。

一、N-SAM 传感器的测试平台搭建及测试样本选择

利用波长检测法对样本溶液进行测试需要搭建如图 5-14 所示的测试平台。该测试平台主要包括 N-SAM 传感器、SLED 光源（中心波长 1534nm、带宽 34nm）、光谱分析仪（波长范围 0.6～1.7μm、分辨率 20pm）和一对注射器。由于 N-SAM 传感器包含了 25μL 容积的流体通道，为简化测试系统，采用规格为 50μL 的微量进样器作为待测样本的流量控制装置。

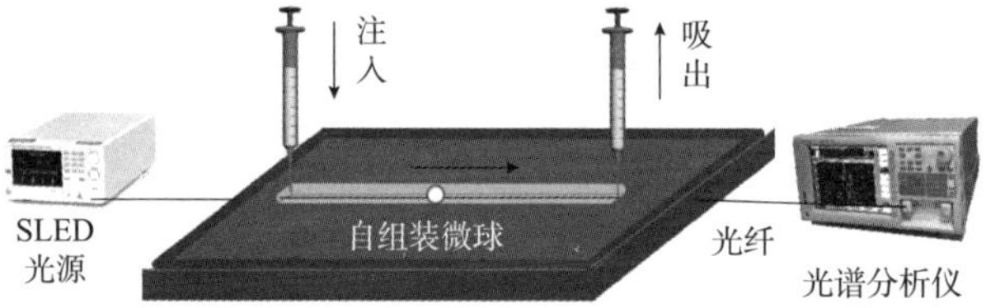

图 5-14 基于 N-SAM 传感器的抗体检测平台

N-SAM 抗体检测传感器对样本溶液的测试流程为：

(1)将传感器的两段尾纤分别与 SLED 光源、光谱分析仪相连。

(2)向流体通道内注入 PBS 溶液并浸没 N-SAM。

(3)每隔 0.5min 采集 1 组光谱数据。

(4)待谐振光谱稳定后，向 N-SAM 传感器的流体通道内注入 25μL 待测样本溶液。

(5)继续采集 50 组光谱数据作为一个测量周期。

临床统计资料显示，肺炎患者体内 N-Ig 浓度水平是动态变化的，过程如图 5－15 所示。图 5－15 中，N-IgM 抗体在第 11～15 天达到平均峰值 7.25μg/mL，N-IgG 抗体在第 21～25 天达到平均峰值 16.47μg/mL。鉴于 N-Ig 的临床水平，利用 N-SAM 传感器进行抗体检测，主要需要测试浓度为 0～10μg/mL的 N-IgM 抗体和浓度为 0～20μg/mL 的 N-IgG 抗体。

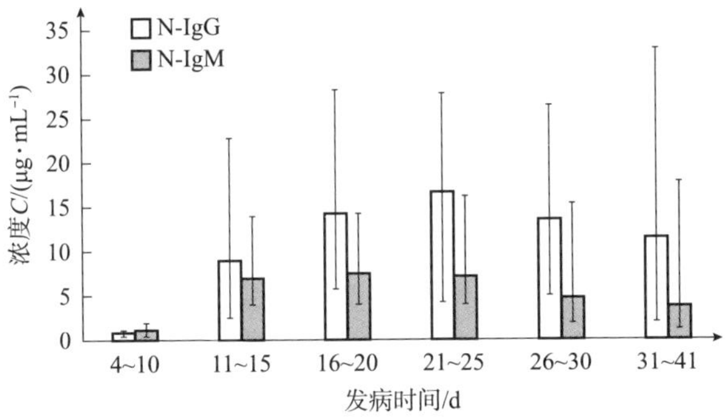

图 5－15　N-Ig 抗体的临床浓度变化过程

为了保证测试结果的准确性与真实性，并最大限度地降低样本采集所造成的感染风险，选用了与血液抗体具有相同免疫学特性的 N 蛋白单克隆人源化免疫球蛋白作为目标抗体 N-Ig 进行研究。该抗体是国家药品监督管理局批准的可以用于科学研究的商业化产品，不具有致病性，来源如表 5－4 所示。

表 5－4　抗体测试材料和试剂来源

材料和试剂	来源
SARS-Cov-2 新冠病毒 N 蛋白单克隆人源化抗体免疫球蛋白 G(N-IgG)	杭州索莱尔博奥生物技术有限公司
SARS-Cov-2 新冠病毒 N 蛋白单克隆人源化抗体免疫球蛋白 M(N-IgM)	
人免疫球蛋白 G(H-IgG)	北京博尔西科技有限公司
人免疫球蛋白 M(H-IgM)	
PBS 缓冲液	Scientific phygene 品牌

二、N-SAM 传感器对待测样本的定性分析

N-SAM 抗体检测传感器对待测样本的定性分析包含两个方面：第一，敏感性测试，研究传感器对待测样本中目标抗体分子的响应能力；第二，选择性测

试，研究传感器对待测样本中的其他抗体分子的拒绝响应能力。

（一）敏感性测试

用 N-SAM 传感器分别测试了抗体浓度为 0 的纯 PBS 溶液、100μg/mL 的 N-IgG 溶液和 100μg/mL 的 N-IgM 溶液。在每一种样本的测试过程中，均可以获得 50 余组光谱数据。以 N-IgG 抗体的测试结果为例，将每隔 5min 获得的谐振光谱以图 5－16 表示。从图 5－16 中可以看出，谐振光谱的 *FSR* 约为 2.74nm，且谐振光谱随着时间推移沿长波长方向逐渐偏移。

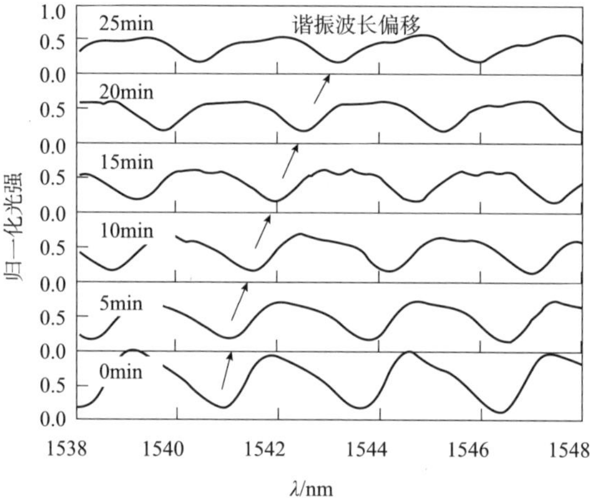

图 5－16　N-SAM 传感器对目标抗体的响应

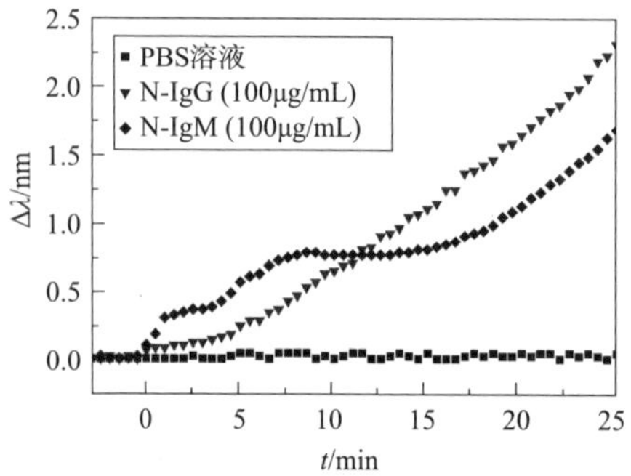

图 5－17　N-SAM 传感器谐振波长随时间的变化关系

分别提取 N-SAM 传感器在 PBS 溶液、N-IgG 溶液和 N-IgM 溶液中所有光谱数据的谐振波长，可以得到 N-SAM 传感器的谐振波长随时间的变化关系，如图 5－17 所示。

通过实验结果可以得到 N-SAM 传感器：

（1）在抗体浓度为 0 的 PBS 溶液中，谐振波长的平均变化量约为 0.02nm。

（2）在浓度为 100μg/mL 的 N-IgG 溶液中反应 25min 后，谐振波长的漂移量为 2.24nm，且谐振波长随时间线性增大。

（3）在浓度为 100μg/mL 的 N-IgM 溶液中反应 25min 后，谐振波长的漂移量为 1.58nm，响应曲线表现出阶段性单调上升的规律。

实验结果表明，首先，N-SAM 抗体检测传感器对 N-IgG 和 N-IgM 两种目标抗体都具有敏感性。其次，N-SAM 传感器对两种抗体分子表现出不同的响应曲线。具体而言，根据生物分子结合的动力学规律，引起 N-IgM 抗体测试结果阶段性单调上升的原因十分复杂，涉及分子物理、分子化学、分子生物学等学科的交叉。针对这一现象进行分析，其主要原因在于这两种目标抗体的分子结构中恒定区氨基酸种类不同，导致了抗体分子与 N-SAM 有不同的结合过程，对 N-SAM 的折射率动态变化过程也造成了不同的影响。在此，仅利用生物分子的结合反应所导致的 SAM 的等效折射率变化这一传感机理开展检测研究。根据研究结果，传感器的谐振波长随反应时间推移而单调递增，这说明 N-SAM 传感器能够用于抗体浓度的定性分析。

（二）选择性测试

为了研究 N-SAM 传感器对抗体分子的选择性，本组实验对广泛存在于健康人体内的基础抗体：H-IgG 和 H-IgM 进行测试，样本浓度设置为 100μg/mL。通过提取光谱中的谐振波长，建立了传感器的谐振波长随时间的变化关系，如图 5－18 所示，图 5－18 中加入了 N-SAM 传感器对目标抗体 N-Ig 的响应曲线以作对比。

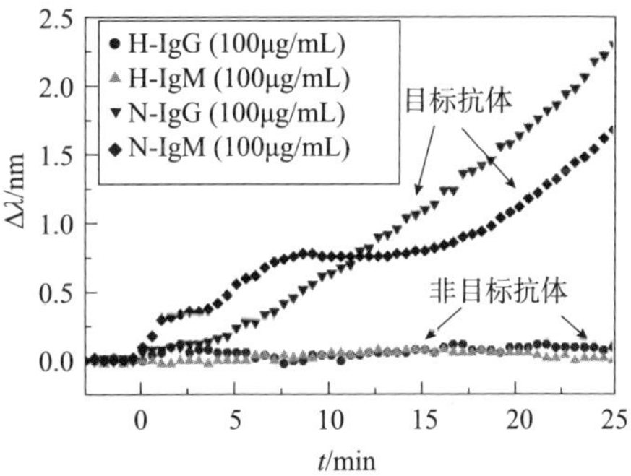

图 5－18　N-SAM 传感器谐振波长随时间的变化关系 2

实验结果表明，N-SAM 传感器对浓度高达 100μg/mL 的 H-IgG 和 H-IgM 两种典型样本溶液的响应曲线非常平缓，在测试周期内谐振波长的最大漂移量分别为 0.1nm 和 0.12nm，说明了 N-SAM 对健康人体内的基础抗体（非目标抗体）几乎不具有响应能力。对比发现，在相同的浓度条件下，N-SAM 传感器对目标抗体（N-Ig）与非目标抗体（H-Ig）的响应曲线有显著的差异，证明传感器具有较好的抗体识别能力。

上述实验结果表明，N-SAM 抗体检测传感器兼具敏感性和选择性，能够完成对目标抗体的定性识别。

三、N-SAM 传感器对待测样本的定量分析

N-SAM 抗体检测传感器的定量分析包含对 N-IgG 和 N-IgM 两种目标抗体的浓度测试，通过定量分析能够获得半径为 100μm、SiO_2 纳米颗粒粒径为 50nm 的 N-SAM 传感器的测量灵敏度和量程。

（一）对 N-IgG 抗体的定量分析

临床指标显示 N-IgG 的浓度变化区间为 0～20μg/mL，因此本实验分别就浓度为 0、0.5μg/mL、1μg/mL、2μg/mL、5μg/mL、10μg/mL、15μg/mL、20μg/mL 的 N-IgG 样本进行了检测。实验过程中，为了探究 N-SAM 传感器的最低检测限，在低浓度区间进行了相对密集采样。每一种浓度条件下均获得了 50 余组光谱数据，选取等间隔时间的光谱数据，并提取其谐振波长的变化量，建立如表 5－5 所示的谐振波长变化表。

表 5－5　不同反应时刻传感器谐振波长的变化量

浓度/（μg/mL）	谐振波长变化量/nm				
	5min	10min	15min	20min	25min
0	0.04	0	0.04	0.04	0.04
0.5	0.02	0.02	0.04	0.06	0.1
1	0.04	0.02	0.02	0.04	0.22
2	0.04	0.06	0.18	0.28	0.36
5	0.06	0.10	0.28	0.50	0.62
10	0.06	0.14	0.34	0.68	0.90
15	0.10	0.37	0.60	0.84	1.18
20	0.20	0.50	0.76	1.00	1.26

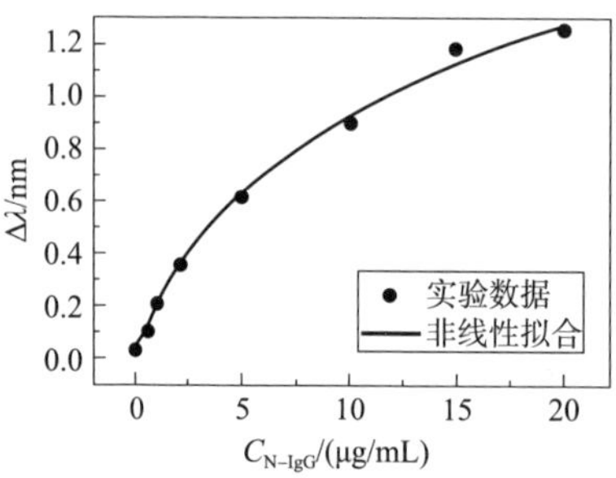

图 5－19　N-SAM 谐振波长随 N-IgG 抗体浓度的变化关系

从表 5－5 中可以读出，在相同的反应时间下，传感器谐振波长的变化量与待测样本中 N-IgG 抗体浓度呈单调递增的关系。利用 N-SAM 传感器与 N-IgG 抗体反应 25min 的实验数据，建立 N-SAM 传感器的谐振波长随 N-IgG 抗体浓度的变化规律，如图 5－19 所示。

采用 Langmuir 函数对图 5－19 中的实验数据进行非线性拟合，得到传感器输出谐振波长漂移量随 N-IgG 抗体浓度的变化关系：

$$\Delta\lambda = \frac{0.22589 C_{\text{N-IgG}}^{0.80927}}{1 + 0.08779 C_{\text{N-IgG}}^{0.80927}} \tag{5-13}$$

式中，$\Delta\lambda$ 为谐振波长漂移量；$C_{\text{N-IgG}}$ 为待测样本中 N-IgG 抗体的浓度。

图 5－19 表明 Langmuir 函数的非线性拟合曲线与实验结果基本吻合。通过进一步对实验数据进行分析，可以得到 N-SAM 传感器对 N-IgG 抗体的平均测量灵敏度 S_1 约为 0.06212nm/(μg/mL)。

(二)对 N-IgM 抗体的定量分析

根据临床指标，N-IgM 的浓度变化区间为 0～10μg/mL，本实验进行了等间隔抽样检测，选取了浓度分别为 0、1μg/mL、2.5μg/mL、3.75μg/mL、5μg/mL、6.25μg/mL、7.5μg/mL、8.75μg/mL、10μg/mL 的待测样本。提取不同浓度条件下，不同时刻光谱的谐振波长，得到 N-SAM 抗体检测传感器的谐振波长变化量，如表 5－6 所示。

表 5－6　不同反应时刻传感器的谐振波长变化量

浓度/(μg/mL)	谐振波长变化量/nm				
	5min	10min	15min	20min	25min
0	0	0.02	0	0.02	0.04
1	0.02	0.04	0.10	0.04	0.02
2.5	0.02	0.08	0.10	0.18	0.26
3.75	0.04	0.12	0.18	0.24	0.36
5	0.06	0.14	0.26	0.30	0.42
6.25	0.08	0.18	0.28	0.34	0.48
7.5	0.10	0.22	0.34	0.40	0.52
8.75	0.18	0.30	0.32	0.36	0.54
10	0.22	0.36	0.40	0.44	0.58

根据表 5－6 中的数据，可以看出在相同的反应时间条件下，传感器的谐振波长变化量与待测样本中 N-IgM 浓度也呈现出单调递增的关系。利用传感器反应 25min 的实验数据，建立 N-SAM 传感器的谐振波长与 N-IgM 抗体浓度的关系，如图 5－20 所示。

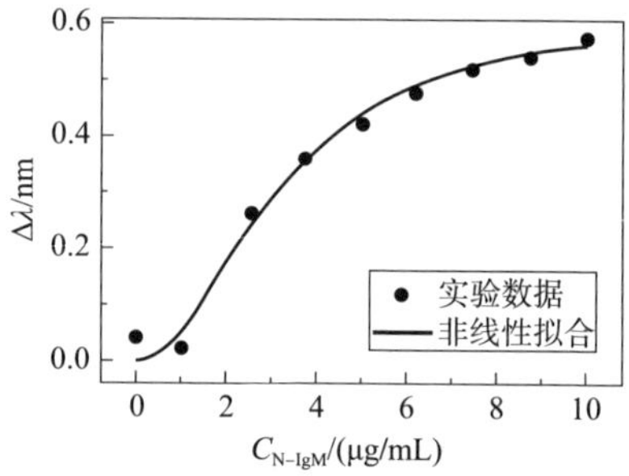

图 5－20　N-SAM 谐振波长与 N-IgM 抗体浓度的关系

采用 Langmuir 函数对图 5－20 中的实验数据进行非线性拟合，得到传感器输出谐振波长漂移量与 N-IgM 抗体浓度的关系。

$$\Delta\lambda = \frac{0.05881 C_{\text{N-IgM}}{}^{2.01787}}{1 + 0.09537 C_{\text{N-IgM}}{}^{2.01787}} \tag{5-14}$$

式中，$\Delta\lambda$ 为谐振波长漂移量；$C_{\text{N-IgM}}$为待测样本中 N-IgM 抗体的浓度。

通过对实验数据的统计与分析，可以进一步得到 N-SAM 传感器对 N-IgM 抗体的平均测量灵敏度 S_2 约为 0.0578nm/(μg/mL)。

(三)N-SAM 传感器的测量范围

将 N-SAM 传感器在 PBS 溶液中的最大波长漂移量 0.04nm 作为传感器的本底噪声 $\Delta\lambda_{\text{noise}}$。根据最低检测限的定义，取信噪比为 3，结合传感器的测量灵敏度可以得到 N-SAM 传感器的最低检测限 $C_{\min}$。

$$C_{\min} = \frac{3\Delta\lambda_{\text{noise}}}{S} \tag{5-15}$$

式中，S 为 N-SAM 传感器的测量灵敏度。将 N-SAM 传感器对 N-IgG 抗体的平均测量灵敏度 S_1 = 0.06212nm/(μg/mL)，和对 N-IgM 抗体的平均测量灵敏度 S_2 = 0.0578nm/(μg/mL)代入式(5－15)，可以计算得到 N-SAM 对 N-IgG 抗体和 N-IgM 抗体的最低检测限均为大约 2μg/mL 的水平。

对于半径为 100μm 的 N-SAM 抗体检测传感器，由于其 FSR 约为 2.74nm(见图 5－16)，因此 N-SAM 传感器的最大量程 $C_{\max}$可以表示为：

$$C_{\max} = \frac{FSR}{S} \tag{5-16}$$

将 S_1 = 0.06212nm/(μg/mL) 和 S_2 = 0.0578nm/(μg/mL) 分别代入式(5－16)，计算可得 N-SAM 对 N-IgG 抗体的最大量程大约为 44μg/mL，对 N-

IgM 抗体的最大量程大约为 47μg/mL。

结合以上计算结果，可以得到 N-SAM 的有效测量范围：对 N-IgG 抗体为 2～44μg/mL，对 N-IgM 抗体为 2～47μg/mL。

四、N-IgG、N-IgM 抗体混合样本的定量分析方法

实验结果表明，N-SAM 传感器对 N-IgG、N-IgM 两种目标抗体均有响应。结合人体免疫系统应答的阶段性原则：IgM 是初次免疫应答产物，产生于病毒或病菌感染的前期；而 IgG 是再次免疫应答的产物，产生于感染中、后期。因此实际检测中需要对 IgG、IgM 的混合样本进行定量分析，以帮助医生诊断病情、明确病程，并进一步辅助开展疾病溯源调查。

为了解决上述问题，可以通过制备两种不同结构参数的 N-SAM，使其对两种目标抗体分别具有不同的灵敏度，进而采用数据融合的思想，获得混合样本中 N-IgG、N-IgM 两种目标抗体各自的浓度水平。

例如，制备粒径为 50nm 的 N-SAM 传感器，该传感器对两种目标抗体的测量灵敏度分别为 $S_1=0.06212\text{nm}/(\mu\text{g/mL})$ 和 $S_2=0.0578\text{nm}/(\mu\text{g/mL})$。通过简单地改变 SiO_2 纳米颗粒的粒径，制备所得的 N-SAM 传感器对 N-IgG、N-IgM两种目标抗体的测量灵敏度将发生变化，使测量灵敏度分别达到 S_3 和 S_4。利用这两种 N-SAM 对混合样本的检测结果，并结合以下传感方程组：

$$\begin{cases}\Delta\lambda_1=S_1C_{\text{N-IgG}}+S_2C_{\text{N-IgM}}\\ \Delta\lambda_2=S_3C_{\text{N-IgG}}+S_4C_{\text{N-IgM}}\end{cases}\tag{5-17}$$

即可通过数学计算，获得混合样本中 N-IgG、N-IgM 两种目标抗体的浓度水平。利用两种不同灵敏度的 N-SAM 还可以构建混合样本检测传感器，其结构如图 5－21 所示。

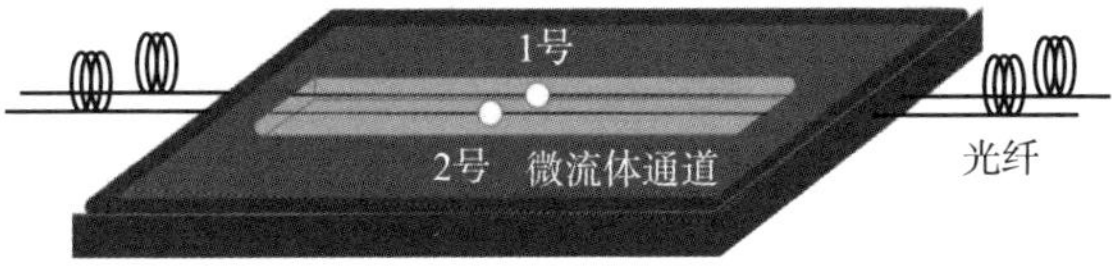

图 5－21　N-SAM 混合样本检测传感器

五、N-SAM 抗体检测传感器的性能评价

目前，临床应用最广泛的典型抗体检测技术主要有 FIA、化学发光免疫分析

(CLIA)、ELISA、GICT。将它们与 N-SAM 抗体检测传感器进行对比，如表 5-7 所示。

表 5-7 N-SAM 抗体检测技术与典型抗体检测技术的对比

方法	FIA	CLIA	ELISA	GICT	N-SAM
原理	荧光强度测定	化学发光的光子产量测定	对酶底物的显色反应进行吸光度测定	胶体金聚集产生可见的条纹	折射率变化导致谐振波长漂移
标记物	荧光色素、镧系螯合物、荧光酶	吖啶酯、鲁米诺、酶、量子点等	酶	胶体金纳米颗粒	无
设备	荧光检测仪、显微镜	全自动化学发光免疫分析仪	酶标仪、离心机	试剂盒、试纸条	便携式光学仪器
功能	定性、定量	定性、定量	定性、定量	定性	定性、定量

对表 5-7 中各种抗体检测技术的特点进行比较说明如下：

(1) FIA、CLIA 技术需要将荧光物质与抗原结合，再利用标记后的抗原与样本发生反应，因此检测过程相对复杂并且需要专业检测设备对荧光强度、光子产率进行统计测定，因而主要局限于医学实验室中使用。

(2) ELISA 技术需要使用专业酶标仪将酶作为标记物与抗原或抗体结合，因此检测工具的制备流程相对复杂；同时还需要选用合适的酶底物参与显色反应，进而对吸光度进行测定，因此该技术也主要应用于专业实验室。

(3) GICT 技术以金纳米颗粒作为标记物，可以在抗原抗体反应后产生可见的条纹，因此广泛用于检测试纸的制备。检测试纸的优势在于便携性高，不需要专业检测设备，但是它的技术局限性在于仅能够进行定性分析，给出信息模糊的测试结果。

(4) 相较传统抗体检测技术，首先，N-SAM 作为一种“Label-free”无标记抗体检测技术，不需要使用标记物，因此传感器的制备方法更加简便、成本更低。其次，N-SAM 传感器的响应信号是波长漂移量，鉴于目前对波长偏移的解调方法多种多样且技术成熟，因此 N-SAM 抗体检测系统不需要大型专业检测设备即可满足低成本、高便携性的应用要求，有利于拓展其在临床、家庭、交通枢纽等场合的进一步普及应用。

对于同样具有便携性的抗体检测装置，以下详细对比了 N-SAM 抗体检测传感器和基于 GICT 技术的抗体检测试剂盒的性能指标，如表 5-8 所示。

表 5 – 8　N-SAM 抗体检测传感器与 GICT 抗体检测试剂盒的性能对比

检测目标	N-SAM 传感器		GICT 试剂盒	
	新冠抗体 N-IgG	新冠抗体 N-IgM	新冠抗体 IgG	新冠抗体 IgM
功能	定量分析	定量分析	定性分析	定性分析
灵敏度/[nm/(μg/mL)]	0.06212	0.0578	—	—
测量范围/(μg/mL)	2～44	2～47	满足临床应用	
样本容量/μL	25		20	
检测时间/min	25		15	
选择性	对健康人体内的基础抗体不敏感		对健康人的血液样本不敏感	

通过表 5 – 8 可知，本文提出的 N-SAM 抗体检测传感器的基本性能指标达到了与 GICT 抗体检测试剂盒相近的水平：可以实现抗体 IgG、IgM 的检测与区分，且对待测样本容量的需求基本相同、测试所需时间近似，对目标抗体均具有选择性。不同的是，N-SAM 传感器还能够进一步给出目标抗体的具体浓度信息，且测量范围与抗体浓度的临床指标相匹配（图 5 – 15），说明 N-SAM 传感器具有未来临床应用的技术潜力。

综上所述，通过与现有抗体检测技术的详细对比，可以发现 N-SAM 传感器兼具便携性和定量分析功能，对于医护人员即时、即地地开展医疗诊断、病情评估以及疾病溯源具有重要意义，在实际应用过程中将更具技术优势。

本章提出了基于 SAM 的抗体检测传感器，以 COVID-19 病毒抗体检测为例，揭示了抗体检测的传感机理并建立了传感方程式；总结了传感器的结构参数对传感性能的影响规律；从而明确了基于 SAM 的抗体检测的基本理论。在此基础上，研究掌握了传感器制备所需的关键技术。测试结果表明，该传感器对目标抗体 N-IgG 和 N-IgM 的测量灵敏度分别为 0.06212nm/(μg/mL) 和 0.0578nm/(μg/mL)，有效测量范围分别达到了 2～44μg/mL 和 2～47μg/mL。通过制备不同测量灵敏度的 N-SAM 传感器，还可以进一步实现混合样本中目标抗体的识别与定量分析。本章的研究证明了 SAM 抗体检测技术具有较好的敏感性、选择性且能够满足临床应用的测量范围，是一种便携化的生物传感新技术。以 SAM 为核心，可以进一步拓展多种生物分子检测传感器，并在此基础上组建微型化传感阵列，突破复杂生物样本一体化即时检测的技术挑战。

第六章　自组装微腔发光器件

发光器件作为光学检测系统的输入端，是搭建光纤传感系统的基础。近年来，利用发光器件本身对外界物理量的感知功能，拓展出了具备传感功能的新型发光器件。本章对 SAM 在形成发光器件方面的特性进行了探索性研究。具体研究了染料掺杂的 SAM 微腔发光器件的工作原理、性质，在此基础上分析了该器件的性能及影响性能的主要结构参数；掌握了染料分子掺杂 SAM 的制备技术；验证了染料分子在 SAM 中的聚集形态；测试得到了 SAM 发光器件的工作性能：在泵浦能量低于 12μJ 时，输出带宽约为 62.7nm 的自发辐射光，在泵浦能量高于 12μJ 时，输出带宽约为 4.0nm 的多纵模激光。

第一节　微腔发光器件的意义与发展现状

一、微腔发光器件的研究意义

微腔发光器件是将发光介质掺杂在微型谐振腔中，进而实现发光作用的一类光子器件。微腔发光器件既可以通过自发辐射产生非相干光，也可以通过受激辐射产生相干光，因此在光子信息技术领域有着广泛的应用。

在光学通信领域，微腔发光器件可用于组建通信网络。2018—2024 年，全球激光设备消费市场规模持续上涨。光纤通信系统一直都有小型化、集成化、低成本的需求，近年来发展最快的是 COB(Chip on Board)光模块技术。这一技术的核心是将发光器件与其他光学组件(如光开关、调制器、隔离器、滤波器等)封装在一起构建独立的子系统，因而特别依赖于微型发光器件的技术发展。

在光学传感领域，微腔发光器件可以用于构建微型化的传感系统。以经典的光纤 Bragg 光栅、干涉仪、光子晶体、光学谐振腔等传感器为例。它们需要与工作波长范围较宽的发光器件耦合并通过检测波长漂移量反演待测信息，或者利用窄带光源将波长漂移量转变为光强的变化进而通过光电探测器获取待测物理量。因此光学传感领域对于可以输出相干光或非相干光的微腔发光器件有着非常迫切的技术需求。

在显示领域，输出可见光的微腔发光器件能够用于研发新一代的激光显示器。显示器的制造需要匹配人眼对光波长的响应范围研制微型发光器件，由于染料的工作波长范围基本覆盖了可见光波段，因此对染料分子进行择优筛选，可以制备波长不同的各色发光单元。其中，红绿蓝(RGB)染料被广泛应用于构建微腔发光阵列，衍生出了新一代彩色激光显示器。不仅如此，将 RGB 三色染料以特定比例混合还可以实现白色激光输出，对于推动高亮度单色显示器和照明设备的研发具有重要意义。

综上所述，微腔发光器件为推进光子学芯片、集成光计算、片上光互联、光学精密测量、激光显示等众多领域快速发展的一个关键环节，是光子信息技术的重要研究分支，受到了国内外科学界与产业界的重点关注。

二、微腔发光器件的研究现状

由于微腔能够实现光波能量反馈，因此围绕微腔发光器件，近年来的研究重心主要是构建激光器。在众多的微腔激光器中，由于染料激光器的光量子转化效率高、成本低、制造方法简单，因此国内外学者以染料作为增益介质研究了诸多不同类型的微腔发光器件，提出了分布式微腔激光器、法布里 - 珀罗微腔激光器、WGM 微腔激光器和随机激光器等。2009 年，日本 Toyota Central R&D 实验室的 Hisashi 等人将染料与蛋白石光子晶体结合，制备得到了工作波长为 590nm、Q 值为 1000 的分布反馈式染料激光器。2011 年日本 Kyoto 研究机构的 Kenichi 等人则将染料掺杂于 PDMS 聚合物中，实现了激光阈值为 180$\mu J/cm^2$ 的法布里 - 珀罗微腔染料激光器。2015 年吉林大学的 Jinfeng Kun 等人提出了一种边对齐耦合的 WGM 染料激光器，利用游标效应实现了单纵模激光输出。美国 Brown 大学的 Lawandy 等人将染料掺杂于强散射介质中，构建了激光阈值为 3mJ 的随机染料激光器。

WGM 激光器是一种微型激光器。微型激光器在光纤通信、光子计算、光学传感、人工智能等领域有着广泛的应用需求。微型激光器的研究始于 1962 年，第一代微型激光器的代表是边发射激光器(EEL)，第二代是垂直面发射激光器

(VCSEL)，这两代激光器目前已经发展出成熟的商业产品。1992 年，美国贝尔实验室在半导体芯片上制备得到了 WGM 激光器，引领微型激光器的研制进入第三代快速发展时期。

根据增益介质的性质不同，WGM 激光器的主要类型有：WGM 染料激光器、WGM 稀土离子激光器和 WGM 钙钛矿激光器等。其中，WGM 染料激光器以有机染料分子作为增益介质。鉴于目前激光染料有 300 余种，覆盖的波长范围从 325nm 到 1670nm 不等，因此 WGM 染料激光器兼具输出光谱范围宽、能量转化效率高、体积小、成本低等应用优势。WGM 染料激光器不仅适合作为波长可调谐激光器应用于光动力医疗领域，也可以作为光源应用于吸收光谱、荧光光谱分析领域，还可以组成可见光波段的激光器阵列用于新一代显示器的研制，因而在激光研究领域备受关注。

WGM 染料激光器经历了“液滴激光器—半固体激光器—固体激光器”的发展过程，实用性和便捷性不断完善。

1986 年，美国 Yale 大学 Shixiong Qian 等人率先将罗丹明染料液滴作为微腔，实现了中心波长为 597nm 的 WGM 液滴染料激光器，结构如图 6－1(a)所示；但是，液滴染料激光器非常容易受环境扰动而发生形变，并且随着溶剂的蒸发，激光性能会大幅下降导致激光器失效，基本不具备实际应用的条件。

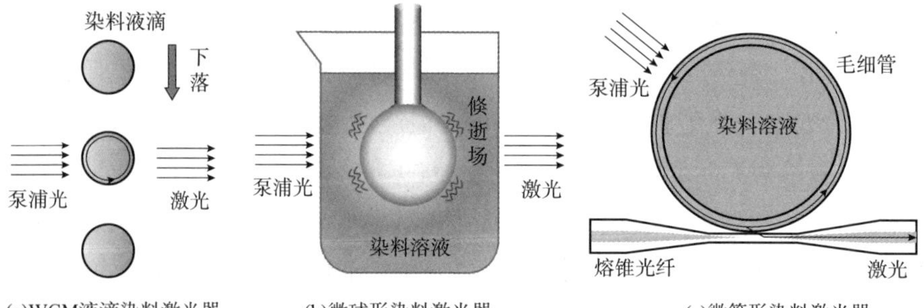

图 6－1　液滴激光器和半固体染料激光器

为了克服液滴激光器结构不稳定的问题，人们继续提出了基于“固体微腔＋染料溶液”的半固体激光器结构。半固体激光器的工作原理是将 WGM 微腔浸没在染料溶液中，或利用染料溶液填充空心结构的微腔(如薄壁毛细管)，通过表面倏逝场效应激发染料溶液产生激光。例如，韩国首尔国家大学的 Yong-Seok Choi 等人将 WGM 微球浸没在罗丹明 6G 溶液中，如图 6－1(b)所示，得到了激光阈值为 300μJ、带宽约为 8nm 的多纵模激光。2007 年，Missouri Columbia 大学的 Scott Lacey 等人将染料溶液填充在 WGM 微管腔的内部，如图 6－1(c)所示，得到了波长为 600nm 的单纵模激光，激光阈值为 25nJ/mm^2；但是倏逝场效应使得半固体 WGM 染料激光器的光能量转化效率非常有限，进而影响了激光器的发射光强和激光阈值。

WGM 固体染料激光器则是将染料分子掺杂在固体材料中形成的激光器。2012 年，新加坡南洋理工大学的孙汉东教授提出了染料掺杂的半球形 WGM 激光器，并以多层介质反射镜作为激光器的基底，简化了 WGM 激光器的耦合结构并约束了激光的出射方向。国内，北京大学、清华大学、中国科学院、南京大学、吉林大学等科研机构都在积极开展 WGM 微腔激光器的研究工作。2019 年，吉林大学集成光电子国家重点联合实验室提出了通过双光子聚合技术，以光刻胶为基质的 WGM 固体染料激光器，如图 6－2(a)所示，并利用温度对激光波长进行调谐，实现了 109μJ/cm^2 的激光阈值。同年中国科学院化学研究所的学者们利用染料掺杂聚合物实现了 RGB 三色 WGM 半球腔阵列的制备，完成了 WGM 微腔全色激光器，如图 6－2(b)所示。

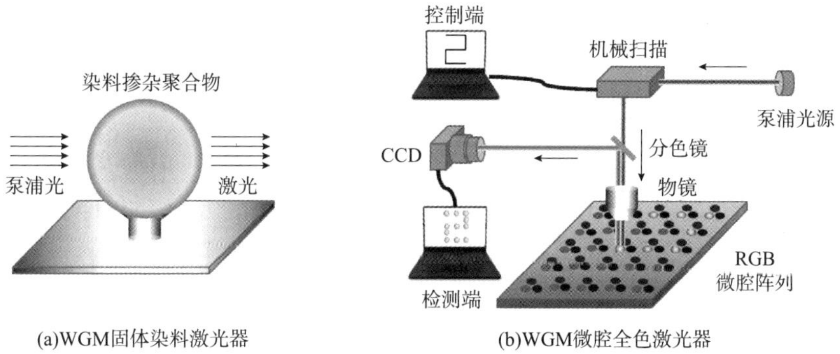

图 6－2　WGM 固体染料激光器及微腔全色激光器

综上所述，WGM 染料激光器具有尺寸小、成本低、波长覆盖范围大、集成度高等优势；但受相似相溶原理的制约，固体染料激光器的基质材料主要是有机聚合物材料，如环氧聚合物、三嗪聚合物、聚丙烯酸酯、聚甲基丙烯酸酯等。由于此类有机材料在非可见光波段对光子的吸收作用显著，不利于通过此方向与红外激光染料结合产生红外激光，因此限制了 WGM 染料激光器工作波长范围和应用领域的进一步拓展。

尽管国内外学者针对微腔发光器件展开了广泛的研究，但目前仍面临着两个重要的瓶颈问题：①微腔发光器件的制备方法，先进的制备方法有助于进一步缓解微腔发光器件的制备工艺难题，从而降低制造成本，推进其在各行各业的深入应用；②发光材料与微腔的结合方式，利用先进工艺突破相似相溶定律的限制，对拓宽光学基底材料与增益介质的选择范围至关重要，这是丰富微腔发光器件工作波长的关键突破口。因此，微腔发光器件的进一步发展需要微腔制备技术和器件结构的不断创新。

三、基于 SAM 研制微腔发光器件的优势

在解决纳米颗粒自组装 WGM 微腔制备技术的基础上，可以进一步将该技术应用于发光器件的研制，这一方法不仅操作简单、成本低，还在以下方面具有潜在的技术优势：

(1)SAM 是一种微型三维光子器件。SAM 由于体积小、质量轻、基质材料为 SiO_2，可以与半导体工艺兼容，因此有望作为一种片上发光器件构建 COB 光子芯片。不仅如此，SiO_2 材料的低损耗光传输窗口覆盖了 380 ~ 2100nm 波长范围，能够与“近紫外 - 可见光 - 近红外”波段的各类光学增益介质结合，有利于拓展 SAM 发光器件的工作波长。

(2)SAM 具有多孔隙的结构特征。孔隙结构有利于增益介质分子掺杂其中，赋予 SAM 光致发光特性。

(3)SAM 与熔锥光纤的耦合操作简单，利用光纤不仅可以简化 SAM 发光器件与后端光学系统的耦合，还有助于提高光学系统整体结构的稳定性。

结合上述优势，本章探索性地提出了将具有光致发光特性的染料分子作为增益介质，掺杂于 SAM 孔隙中构建 SAM 微腔发光器件的思想，并围绕该器件的自发辐射和受激辐射基础理论、制备方法、性能指标等关键科学问题展开研究。

第二节　SAM 微腔发光器件的基础理论研究

围绕 SAM 微腔发光器件的基础理论，本节主要论述了其工作原理和基本性质，并对它的性能参数以及影响性能的主要因素进行分析。

一、SAM 微腔发光器件的工作原理

SAM 微腔发光器件主要由染料掺杂的 SAM(D-SAM)和熔锥光纤构成。其中，

D-SAM 具有光致发光特性，能够在泵浦源的激发下产生特定波长的光波，是 SAM 微腔发光器件的核心。熔锥光纤的作用则是采集 D-SAM 中产生的光波，并向外界传输。

SAM 微腔发光器件的工作过程如图 6－3 所示，具体如下：

(1)受激吸收。在泵浦光源的激励下，D-SAM 中掺杂的染料分子可以通过受激吸收作用跃迁至高能级。

(2)自发辐射。高能态的染料分子可以通过自发辐射回到基级，并产生特定波长的种子光。

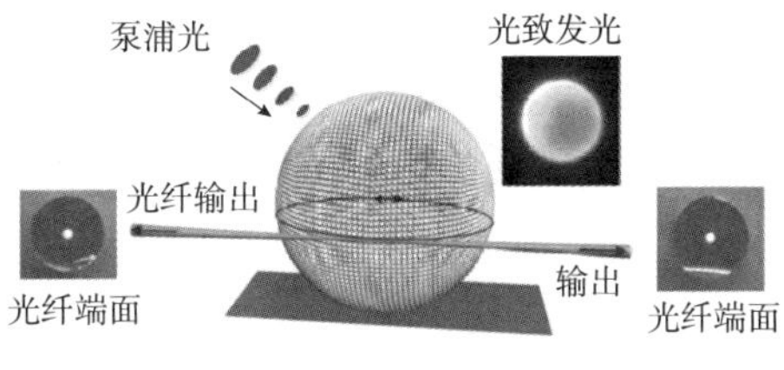

图 6－3　SAM 微腔发光器件的工作过程

(3)WGM 谐振。当部分种子光耦合到 D-SAM 的回音壁模式后，这部分光子将在 WGM 的传播轨道中沿着顺时针与逆时针方向循环往复地传播。

(4)耦合输出。当光子传播到 D-SAM 与熔锥光纤的耦合区时，在波导耦合的作用下进入光纤并继续向输出端传播。

需要说明的是，若在泵浦源的作用下，D-SAM 中的染料分子能够在高能态与基态之间建立集居数反转条件，则种子光在以 WGM 传播的过程中将持续激发更多高能态的染料分子，使之受激辐射产生与种子光具有相同传播方向、相同波长、相同偏振态的激光。

激光的输出需要具备三个要素：增益介质、谐振腔和泵浦源。由于 SAM 微腔发光器件的纳米多孔隙结构有利于染料分子掺杂其中组成 D-SAM，结合 SAM 的回音壁光传输模式，D-SAM 兼具了光致发光特性和谐振特性，因此能够在特定泵浦功率条件下因受激辐射产生激光，并经由熔锥光纤耦合向外界输出。SAM 所兼具的孔隙结构、独特的光传输模式以及与熔锥光纤的耦合机制，使其在构建微腔发光器件方面具有独特的技术优势。

二、SAM 微腔发光器件的基本性质

SAM 微腔发光器件的性质主要包括 D-SAM 的结构特征、D-SAM 的光致发光特性、D-SAM 的 WGM 谐振特性以及 D-SAM 与熔锥光纤的耦合特性。

(一)D-SAM 的结构特征

根据自组装原理，SAM 由球形 SiO_2 纳米颗粒以密堆积排列的方式组成，其

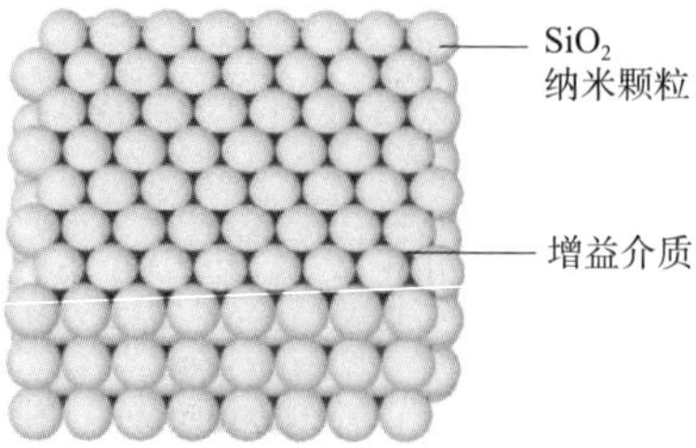

图 6－4　染料掺杂的 SAM 微观结构

内部具有孔隙结构，因此染料分子可以掺杂其孔隙结构当中组成 D-SAM。D-SAM 的微观结构如图 6－4 所示。

结合图 6－4，对 D-SAM 的结构特征进行说明。

(1)染料分子能够以最高 26% 的体积比例掺杂于 SAM 孔隙中。由于纳米颗粒以面心立方结构排列所组成的自组装体系具有 26% 的孔隙填充比，故染料分子可以与 SAM 以较高的比例结合。不仅如此，孔隙结构还有助于防止染料分子受光波长时间辐照而产生漂白现象。

(2)染料分子的分布具有同质性。根据自组装的有序性原则，SAM 内部均匀分布着交互连通的孔隙结构，对染料溶液具有较强的毛细作用力，有利于染料溶液充分浸润 SAM，进而使染料分子的空间分布具有同质性。

(3)染料可以与 SAM 进行分子尺度层面的结合。由于 SAM 的孔隙尺度为纳米量级，而染料作为有机大分子化学物质，其分子直径通常也为纳米量级，因此染料分子能够以分子单体或少量聚集体的形式掺杂在 SAM 的孔隙中，实现两者在分子尺度层面的结合。

(4)染料与 SAM 之间能够形成新的化学键。由于 SiO_2 纳米颗粒表面具有丰富的羟基，而染料分子普遍具有阳离子(以 Dye^+ 表示)特性，因此染料分子可以与羟基结合形成新的次级化学键：

$$Si—OH^- + Dye^+ = Si—OH—Dye$$

该化学作用进一步增强了染料分子在 SAM 孔隙中的结合力，使 D-SAM 具有更好的材料稳定性。

(二)D-SAM 的光致发光特性

D-SAM 的光致发光特性是由染料分子所赋予的，因此取决于后者的发光特性。根据分子激子理论，染料分子的光致发光特性受分子聚集形态的影响。本节将通过详细分析这一影响规律，明确 D-SAM 的光致发光特性。

1. 染料分子的基本性质

荧光染料是具有良好光致发光特性且可用于制备发光器件的有机化合物的总称。在各类荧光染料(如菁类染料、噁嗪染料、香豆素染料和闪烁体染料)中，由于香豆素品类中的罗丹明染料制造成本低、量子产率高、应用技术成熟，因此以罗丹明染料为例，对 SAM 微腔发光器件进行研制与验证。

罗丹明染料是以氧杂蒽为母体的呫吨染料，由于其苯环间有氧桥相连，分子具有刚性平面结构，增强了电子共轭效应，因而具有非常好的发光特性。在罗丹明染料中，罗丹明 6G(Rh6G)和罗丹明 B(RhB)是两种典型的光学增益介质，具有摩尔吸光系数高、光稳定性好、对 pH 值不敏感、增益波长范围宽和量子产率高(0.95)等技术特点，它们的基本性质如表 6－1 所示。

表 6－1　Rh6G 和 RhB 分子的基本性质

项目	Rh6G	RhB
分子结构	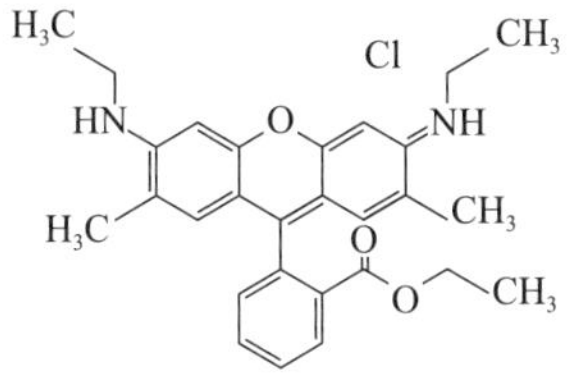	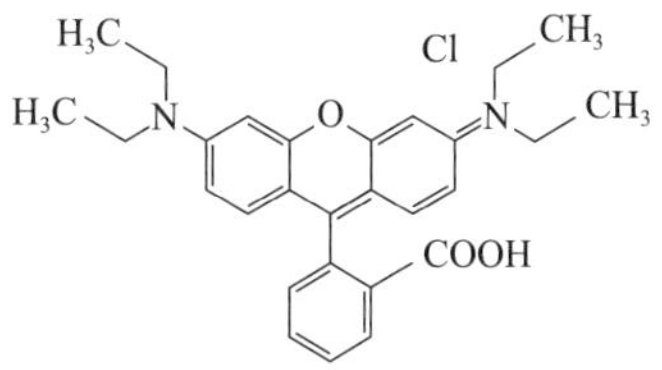
分子直径/nm	1.0	1.6
折射率/RIU	1.593	1.65
辐射波长/nm	564～607	595～643
吸收波长/nm	515～545	515～545

依据量子理论，染料分子的微观运动是量子化的，其分子光谱中的每一条谱线都对应分子在两个能级之间跃迁的情况。因此研究罗丹明染料发光器件，首先需要建立罗丹明分子的基本能级结构，如图 6－5 所示。

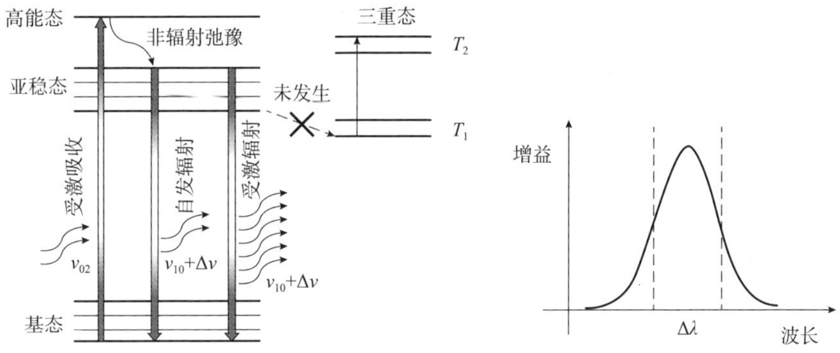

图 6－5　罗丹明染料分子的能级结构示意

首先，染料分子的每一个电子组态都由一组振动－转动能级组成，相邻振动能级之间的频率间隔约为千每厘米量级，相邻转动能级之间的频率间隔约为十每厘米量级。因此，染料分子的单重激发态可视为由一系列准连续能级组成的能带。

其次，位于基态的罗丹明染料分子可以通过吸收特定波长的光子，跃迁至高能态，并在非辐射弛豫的作用下损失一部分能量，达到亚稳态。在热平衡状态下，亚稳态可以实现集居数反转条件，亚稳态的分子倾向于通过自发辐射和受激辐射两种形式返回基态，并辐射特定波长的光子。结合染料分子的能带属性，其吸收和辐射光谱都具有较宽的波长范围。

最后，染料分子在单态与三重态之间发生能量的内转换是破坏其光致发光特性的重要机制之一。染料分子在具有较高分散性的前提下，可以有效避免能量内转换，此时三重态的作用可以近似忽略。显然，在结合 SAM 的微观结构研制发光器件时，需要对染料分子的空间分布特征进行严格约束，以实现良好的光致发光性能。

2. 染料分子聚集体的光致发光特性

染料分子聚集体可以视作由多个染料分子组成的弱耦合体系。由于分子间具有共振相互作用，其光致发光特性与孤立的分子单体有所不同。

在聚集体中，染料分子间距减小，导致分子之间产生能量的级联传递效应，即高能态分子的能量会向周围其他低能态分子转移，因此聚集体会通过非辐射弛豫耗散大部分能量，导致光致发光效率急剧下降。这一物理规律可以总结为分子数量越少的增益介质聚集体通常其发光特性越好。

在染料分子聚集体中，二聚体是一类介于单体与多聚体之间的特殊聚集体结构。利用辐射率常数代表发光单元的量子产率，可以对二聚体的光致发光特性进行说明。根据分子激子理论，二聚体的辐射率常数 kr_{D} 可以表示为：

$$kr_{\mathrm{D}} = 2kr_{\mathrm{M}}\cos^2\theta_{\mathrm{int}} \tag{6-1}$$

式中，kr_{M} 为分子单体的辐射率常数；θ_{int} 为分子的纵轴和分子中心连线的夹角，取值为 $0° \sim 90°$。根据式(6－1)可知，θ_{int} 越小，二聚体的辐射率常数 kr_{D} 就越高，二聚体的光致发光特性也就越好。

根据结构形态的不同，染料分子的二聚体可分为以下两种类型：H 形二聚体和 J 形二聚体，如图 6－6 所示。H 形二聚体的 θ_{int} 取值范围为 $54.7° \sim 90°$，学术界公认它是一种无荧光(non-flourescent)的染料分子聚集体。J 形二聚体的 θ_{int} 取值范围为 $0° \sim 54.7°$，是有荧光的染料分子聚集体。进一步细分，J 形二聚体有两种不同的结构：共面倾斜型(平行排列)和非共面倾斜型(首尾相连)，两者均具有较好的荧光特性。

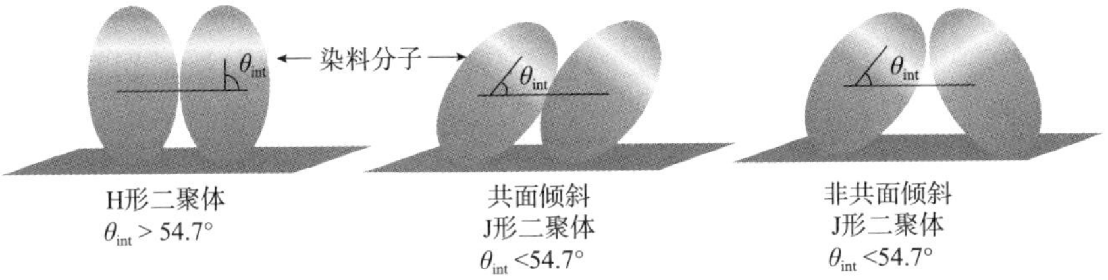

图6－6　增益介质分子二聚体的结构形态

以下将通过染料二聚体波函数的推导过程，计算其发光特性。波函数是量子力学体系中，用于描述粒子在某个位置的概率幅的复指数函数，表征了某一时刻微观粒子在某一个能态的可能性。由于染料分子二聚体可以视作由染料分子 A 和染料分子 B 组成的弱耦合体系，因此其基态波函数可以表示为：

$$\Psi_0 = \Psi_{0A}\Psi_{0B} \tag{6-2}$$

式中，Ψ_0 为二聚体的基态波函数；Ψ_{0A}为分子 A 的基态波函数；Ψ_{0B}为分子 B 的基态波函数。式(6－2)表示当分子 A、B 均处于基态时，二聚体即为基态。

当二聚体中任意一个分子受激吸收并跃迁至高能态时，根据分子的共振相互作用，可以将二聚体的第一单重激发态表示为以下波函数：

$$\phi_1 = \Psi_{0A}\Psi_{GB} \tag{6-3}$$

$$\phi_2 = \Psi_{GA}\Psi_{0B} \tag{6-4}$$

式中，Ψ_{GA}为分子 A 位于激发态的波函数；Ψ_{GB}为分子 B 位于激发态的波函数。式(6－3)和式(6－4)是彼此等价的，表征了二聚体位于第一单重激发态的两种方式。

但是 ϕ_1 和 ϕ_2 描述的不是染料分子二聚体的定态，其定态的零级波函数应该是 ϕ_1 和 ϕ_2 的线性组合：

$$\Psi_{\mathrm{I}} = \frac{1}{\sqrt{2}}(\phi_1 + \phi_2) \tag{6-5}$$

$$\Psi_{\mathrm{II}} = \frac{1}{\sqrt{2}}(\phi_1 - \phi_2) \tag{6-6}$$

式中，Ψ_{I} 为二聚体的第一零级波函数；Ψ_{II} 为二聚体的第二零级波函数。Ψ_{I} 和 Ψ_{II} 说明：由于分子间的共振相互作用，二聚体的激发特性不再是其中某一个分子的激发特性，而是二聚体作为一个发光单元的整体特性。

由上述分析可知，染料分子单体的激子波函数为 $\boldsymbol{\Psi}_{G}$，二聚体的激子波函数则为 $\boldsymbol{\Psi}_{I}$ 或 $\boldsymbol{\Psi}_{II}$。波函数的不同说明二聚体的能级结构与单体也有所不同，因此在染料分子单体能级结构的基础上，根据式(6－5)和式(6－6)可以推导出二聚体的新能级结构，如图 6－7 所示。从图 6－7 中可以看到，染料分子的能带 $\boldsymbol{\Psi}_{G}$ 产生了分裂，衍生出更高的 $\boldsymbol{\Psi}_{I}$ 能带和更低的 $\boldsymbol{\Psi}_{II}$ 能带。在这样的能带结构基础上，结合单激子理论和群理论，总结得出不同二聚体的几何形态与能级结构的映射关系，构建了如图 6－7 中箭头所示的能级跃迁方式。

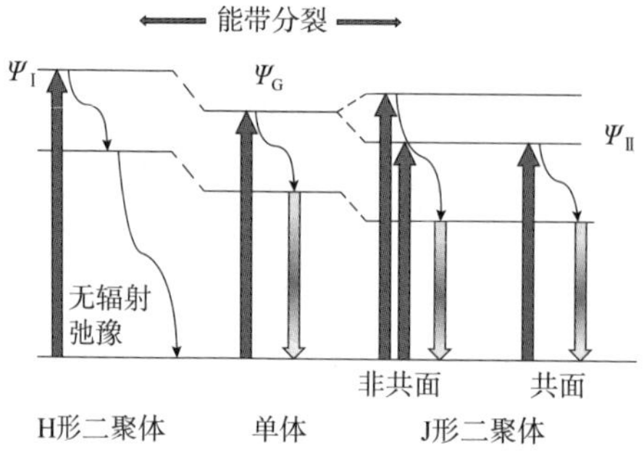

图 6－7　染料分子二聚体的能级结构示意

从图 6－7 中可以看出，染料的能级结构随着染料分子二聚体形态不同而发生变化，这一变化将导致二聚体的吸收光谱与荧光光谱相比染料单体有了明显的改变，如图 6－8 和图 6－9 所示。

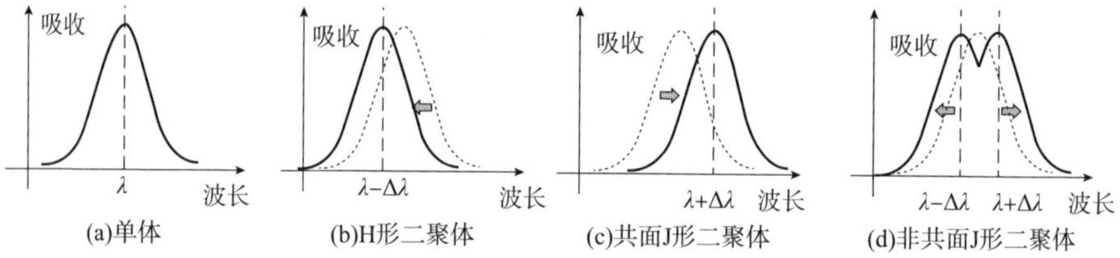

图 6－8　染料分子二聚体的吸收光谱

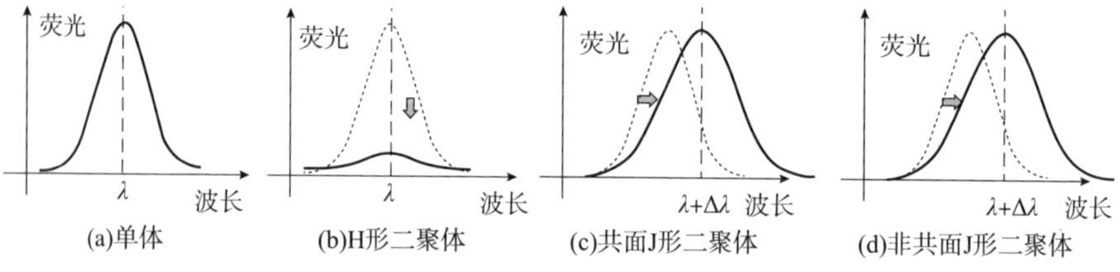

图 6－9　染料分子二聚体的荧光光谱

由图 6－8 可知，对比染料分子单体的吸收光谱，当染料分子形成 H 形二聚体时，其吸收光谱会发生蓝移；形成共面倾斜的 J 形二聚体时，吸收光谱产生红移；形成非共面倾斜的 J 形二聚体时，吸收光谱发生分裂和展宽。

由图 6－9 可知，对比染料分子单体的荧光光谱，当染料分子形成 H 形二聚体时，由于光子的无辐射弛豫，染料分子的荧光特性大幅度退化；形成 J 形二聚体时，无论是共面型还是非共面型，由于能级降低以及一部分自吸收效应的作用，荧光光谱会发生红移和展宽。

综上所述，增益介质分子可以按照光致发光特性的优劣分为两种情况：染料分子单体和 J 形二聚体具有较好的光致发光特性；而染料分子多聚体和 H 形二聚体具有较差的光致发光特性。显然，为了获得光致发光特性优越的 D-SAM，需要染料分子以单体或 J 形二聚体形态存在。

（三）D-SAM 的 WGM 谐振特性

D-SAM 由于保留了 WGM 传输特性，因此在光泵浦条件下产生的自发辐射种子光可以部分耦合到 D-SAM 的 WGM 传输轨道中并遵从 WGM 的谐振规律继续传输，如图 6－10 所示。

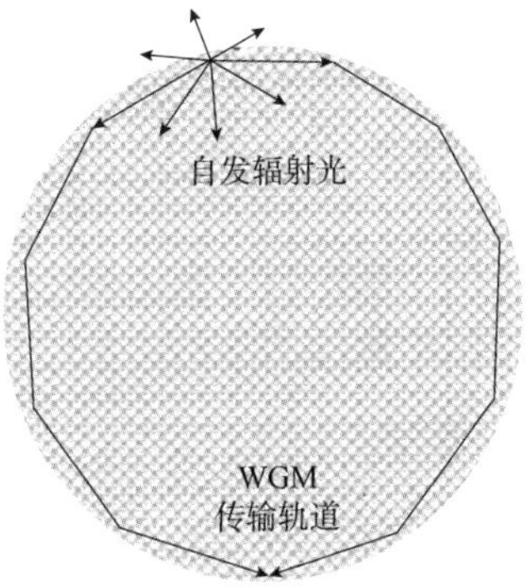

图 6－10　D-SAM 中光束的 WGM 谐振特性

光波在以 WGM 传输的过程中，需要满足谐振条件：

$$2\pi R_0 n_{sl} = l\lambda \qquad (6-7)$$

式中，R_0 为 D-SAM 的半径；n_{sl} 为 D-SAM 的等效折射率；λ 为光波长；l 为微腔的模量，取值为整数。

谐振条件表明，回音壁传播模式对 D-SAM 中的传输光具有周期性的波长选择作用。

（四）D-SAM 与熔锥光纤的耦合特性

光波的高效率耦合促进了 D-SAM 与熔锥光纤之间的能量交换。光耦合要求 D-SAM 的表面倏逝场与熔锥光纤腰区的倏逝场空间重合，进而使 D-SAM 中产生的光波能够跨越耦合区进入光纤中。

根据腔场动力学方程，D-SAM 与熔锥光纤耦合后，通过光纤输出的光强 I_f 可以表示为：

$$I_f = \kappa_{ex} \cdot I \qquad (6-8)$$

式中，I 为 D-SAM 中的光能量，κ_{ex} 为 D-SAM 与光纤的耦合系数，取值范围为 0～1。

前文已经揭示了熔锥光纤与 SAM 近场耦合的关键影响因素，掌握了调整两者相对位置以达到最佳耦合条件，使 κ_{ex} 的取值接近于 1 的方法，这一方法将有助于增强 SAM 微腔发光器件的输出光强。

三、SAM 微腔发光器件的性能及影响因素

SAM 微腔发光器件的性能参数主要包含输出光波长、光波带宽、输出光强、光束质量等，在受激辐射的工作状态下，还需要关注激光阈值、纵模模量等参数。其中输出波长、光波带宽由罗丹明染料的性质和它的聚集形态决定，下面将着重分析 SAM 微腔发光器件的结构对输出光强、激光阈值、纵模模量和光束质量的影响规律。

（一）SAM 微腔发光器件的输出光强

D-SAM 在低泵浦能量条件下产生的是自发辐射光，其光强 I_0 可以表示为：

$$I_0 = I_p \cdot kr \cdot \beta \tag{6-9}$$

式中，I_p 为 D-SAM 所接收的泵浦光能量；kr 为增益介质的辐射率常数；β 为自发辐射耦合因子，代表了自发辐射光耦合到 WGM 的能量比例，取值范围为 0~1。

将式（6-9）代入式（6-8）中，可以获得 SAM 发光器件通过光纤输出的光能量。

$$I_f = \kappa_{ex} \cdot I_p \cdot kr \cdot \beta \tag{6-10}$$

式（6-10）表明 SAM 微腔发光器件输出的自发辐射光强与泵浦光能量成正比。

进一步地，根据激光的速率方程，D-SAM 中产生的激光能量 I 可以表示为：

$$I = I_0 e^{(G-\alpha) \cdot L} \tag{6-11}$$

式中，G 为 D-SAM 的增益系数；α 为 D-SAM 的损耗系数；L 为 D-SAM 的腔长，是光波以 WGM 传输一个周期的光程；I_0 为种子光的初始光能量。

将式（6-9）和式（6-11）代入式（6-8）中，可以获得光纤输出的激光能量：

$$I_f = \kappa_{ex} \cdot I_p \cdot kr \cdot \beta e^{(G-\alpha) \cdot L} \tag{6-12}$$

由于增益系数 G 在种子光能量较小的情况下，可以近似视为定值，因此通过式（6-12）可知，SAM 微腔发光器件输出的激光光强与泵浦光能量成正比。并且由于 $G \geqslant \alpha$ 是产生激光的基本阈值条件，因此构建高性能的 SAM 发光器件，需要保证 SAM 具有较高的增益系数 G，或具有较低的光传输损耗。由于 SAM 的光传输损耗会受到纳米颗粒漫反射作用的影响，因此传输损耗会随着纳米颗粒粒径的减小而降低。而增益系数 G 的提高需要调控染料分子的聚集体形态，使其具有良好的光致发光特性。

（二）SAM 微腔发光器件的阈值

由于染料分子在光泵浦作用下实现集居数反转是形成激光的必要条件，因此光泵浦能量必须达到一定数值（激光的阈值）才能够形成激光。激光的阈值条件要求：增益系数 G 大于等于损耗系数 α。根据式（6－11）可以建立 $G=\alpha$ 的临界条件下，激光器阈值的表达式：

$$I_{\mathrm{th}}=\frac{I}{kr\cdot\beta} \tag{6-13}$$

从式（6－13）可以看出，增大激光器的自发辐射耦合常数 β，或提高增益介质的辐射率常数 kr，有助于降低激光器的阈值。

1. SAM 的半径对激光阈值的影响规律

根据腔量子电动力学理论，自发辐射耦合因子 β 可以表示为：

$$\beta=\frac{\lambda^4}{4\pi^2V_0\Delta\lambda n^3} \tag{6-14}$$

式中，λ 为自发辐射的光波长；$\Delta\lambda$ 为自发辐射光的带宽；n 为 D-SAM 的等效折射率；V_0 为增益介质的体积，可以表示为：

$$V_0\approx\frac{4}{3}\pi R_0^3 \tag{6-15}$$

式中，R_0 为 SAM 的半径。结合式（6－14）和式（6－15）可知，当 SAM 的半径减小时，增益介质的体积随之减小，自发辐射耦合因子增大。分析其原因在于：当 D-SAM 具有较大半径时，其内部光传输模式较多，而染料分子由于其自发辐射各向同性，因此自发辐射耦合到 WGM 的比例非常小，导致 β 减小。当 D-SAM 的体积较小时，由于 WGM 微腔对光传输模式的限制和选择作用，光波的传输模式显著减少，进而增加了自发辐射光耦合到 WGM 的比例，导致 β 增大。

通过以上研究可知，SAM 的半径越小，D-SAM 的自发辐射耦合因子越大，越有利于降低激光阈值。

2. SiO_2 粒径对激光阈值的影响因素

经过以上研究发现，D-SAM 的辐射率常数受染料分子聚集形态的影响，而染料分子的聚集形态又取决于 SAM 孔隙的尺寸，如图 6－4 所示。因此 SiO_2 纳米颗粒的粒径大小，可以通过影响 SAM 孔隙的大小影响增益介质的聚集体形态，进而对增益介质的辐射率常数产生影响。

由于增益介质在孔隙中聚集的数量 N 可以近似表示为：

$$N = \phi_P / \phi_G \tag{6-16}$$

式中，ϕ_P 为 SAM 的孔径；ϕ_G 为增益介质分子的直径。

因此式(6-16)中 N 的取值应该为 $N \geq 1$，以确保染料分子可以进入孔隙中。在此基础上，为了使染料分子更多地以单体和 J 形二聚体形态存在，将 N 的理想取值规定为 $1 \leq N < 3$，进而得到 SAM 孔径的最优取值范围：$\phi_G \leq \phi_P < 3\phi_G$。

根据 SAM 孔径的计算公式[式(1-20)~式(1-25)]可知，SAM 的最小孔径 $\phi_{P_{min}}$ 为：

$$\phi_{P_{min}} = 0.155\phi \tag{6-17}$$

式中，ϕ 为 SiO_2 纳米颗粒的粒径。

将 $\phi_G \leq \phi_P < 3\phi_G$ 代入式(6-17)中，可以得到 SiO_2 纳米颗粒粒径的最优选择为：$6.5\phi_G \leq \phi < 19\phi_G$。分别将 Rh6G 的分子直径 $\phi_G = 1.0$nm 和 RhB 的分子直径 $\phi_G = 1.6$nm 代入其中，通过计算得到 Rh6G 掺杂的微腔发光器件的关键结构参数为 SiO_2 纳米颗粒粒径 $\phi \in (6.5\text{nm}, 19\text{nm})$；RhB 掺杂的微腔发光器件的关键结构参数为 SiO_2 纳米颗粒粒径 $\phi \in (10.4\text{nm}, 30.4\text{nm})$。

（三）SAM 微腔发光器件的纵模模量

WGM 由于对传输光波长具有周期性的选择作用，因此对于具有较宽增益波长范围的 D-SAM，其内部可以存在多种模式，导致输出光谱具有多个纵模，如图 6-11 所示。图 6-11 中，增益包络曲线的宽度取决于 D-SAM 的光谱特征。在增益包络曲线所覆盖的波长范围内，增益系数高于阈值条件的纵模会输出，低于阈值条件的纵模则无法输出。从图 6-11 可知，当纵模间隔 $\Delta\lambda$ 缩小时，满足振荡条件的纵模模量会增多。

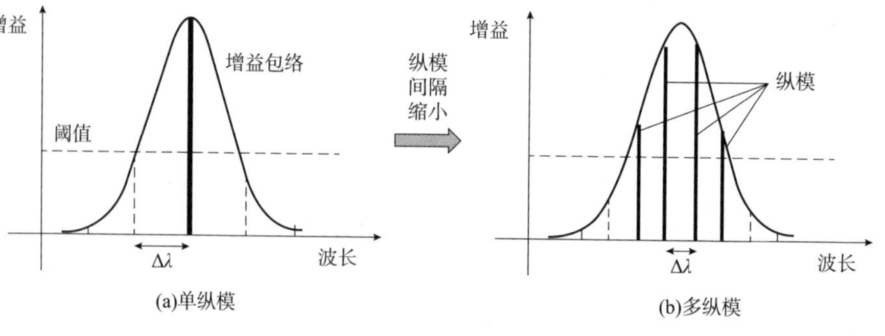

图 6-11　纵模间隔对光谱的影响规律

在 D-SAM 中，纵模间隔等于其自由光谱范围：

$$\Delta\lambda = FSR \approx \frac{\lambda^2}{2\pi R_0 n_{sl}} \qquad (6-18)$$

式中，λ 为输出光波长；R_0 为 D-SAM 的半径；n_{sl}为 D-SAM 的等效折射率。根据式(6-18)可知，通过降低 SAM 的半径可以增大 D-SAM 输出光谱中的纵模间隔。因此，为获得单纵模激光，应制备半径较小的 SAM 微腔发光器件。考虑到米氏散射效应对传输光损耗的影响，一般选取 SAM 的直径为其传输光波长的 10 倍，由于 Rh6G 染料分子的输出波长大约为 0.6μm，故 SAM 直径应为 6.0μm。

(四)SAM 微腔发光器件的光束质量

光束质量因子是描述光束质量的一个无量纲参数，按照国际标准，光束质量因子 M^2 为：

$$M^2 = \frac{W \cdot \theta_d}{W_0 \cdot \theta_0} \qquad (6-19)$$

式中，W 为实际光束的束腰半径；θ_d 为实际光束的远场发散角；W_0 为基模高斯光束的束腰半径；θ_0 为基模高斯光束的远场发散角。

由于 SAM 微腔发光器件通过光纤输出光波，因此一般不考虑光束的发散角。根据式(6-19)可知，当光波以基模输出时，$M^2 = 1$；而以多模输出时，$M^2 > 1$。D-SAM 中产生的光波波长约为 600nm，因此需要选择可见光波段单模光纤，如美国 Nufern HP 系列光纤，用于优化光束质量因子，使 $M^2 = 1$。

综上，SAM 微腔发光器件由于染料分子的掺杂具备了光致发光特性，在 WGM 的谐振和熔锥光纤的耦合作用下，SAM 微腔发光器件可以通过光纤向外界输出特定波长的光波。以 Rh6G 染料掺杂的 SAM 微腔发光器件为例，其优化结构参数为：

(1)选取 SiO_2 纳米颗粒粒径 ϕ 为 6.5 ~ 19nm，使其具有良好的光致发光特性。

(2)选取 SAM 半径的最佳值为 6.0μm，使 SAM 微腔发光器件具有较低的激光阈值和较少的纵模模式数量。

(3)选用可见光波段单模光纤与 D-SAM 耦合，优化 SAM 发光器件的光束输出质量。

第三节　SAM 微腔发光器件的制备

SAM 微腔发光器件由 D-SAM、玻璃基底和熔锥光纤三部分组成。玻璃基底和熔锥光纤的详细制备工艺如第三章所述。本节重点研究的是 D-SAM 的制备工艺，所使用的主要实验材料如表 6 - 2 所示。

表 6 - 2　实验使用材料和试剂来源

材料和试剂	来源
乙醇	天津市富宇精细化工有限公司
罗丹明 6G	罗恩试剂品牌
罗丹明 B	山东西亚化学工业有限公司
20nm 粒径的 SiO_2 纳米颗粒分散液	爱为科研品牌
环氧树脂 7300	瑞士 ERGO 品牌

通过上文研究可知，SAM 微腔发光器件的主要结构参数有两个：SiO_2 纳米颗粒的粒径和 SAM 的半径。目前 SiO_2 纳米颗粒的商业化产品中，最小粒径为 20nm，这一粒径基本符合 Rh6G 分子和 RhB 分子掺杂的最优结构参数，因此本节选用该规格的材料制备 D-SAM。而 SAM 的半径由流体断裂自适应方法进行调控，在第一章中有详细的说明，利用流体断裂自适应方法制备 SAM，其半径受流体通道尺寸的限制难以达到理论最优的结构参数，因此需要适当放宽 D-SAM 的半径范围。D-SAM 半径提高不仅能够降低制备难度，而且可以与半径更大的熔锥光纤耦合，有利于保证耦合结构的稳定性。不失一般性地，本章利用该方法制备了半径为 100μm 的自组装微球以构建 SAM 发光器件。

一、染料掺杂 SAM 的制备工艺过程

溶液浸润法是将可溶性材料修饰在多孔隙结构中的典型方法之一。该方法不会引入热力学退化的问题，有助于提高增益介质分子在 SAM 中分布的均匀性。利用这一方法将罗丹明染料分子掺杂在 SAM 的孔隙中，掺杂过程如图 6 - 12 所示，具体步骤如下：

(1) 在疏水基底上利用 40% 浓度的 SiO_2 纳米颗粒分散液，结合流体断裂自适

应方法控制 SAM 的半径，制备得到 SAM。

(2)配制一定浓度的罗丹明染料乙醇溶液。

(3)利用染料溶液滴涂并完全浸润 SAM 一定时间后移除剩余溶液，并等待 SAM 中的乙醇溶剂完全挥发。

在完成上述三个步骤后，即得到罗丹明染料分子掺杂的 SAM，如图 6－12 中显微照片所示。

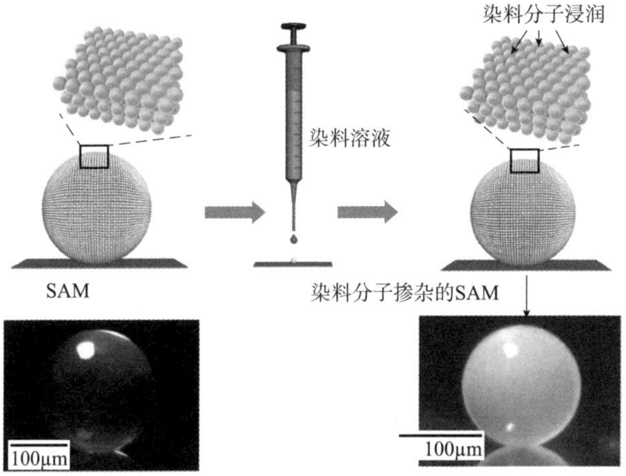

图 6－12　染料掺杂 SAM 的制备过程

在溶液浸润法制备 D-SAM 的过程中，可以通过调整罗丹明染料溶液的浓度和浸润时长控制染料在 SAM 中的掺杂比例。以 Rh6G 为例，分别配制浓度为 1.0mmol/L 和 2.6mmol/L 的 Rh6G 乙醇溶液。利用这两种溶液分别浸润 SAM 并每间隔 0.5s 用数字显微镜记录浸润的效果，8s 后结束浸润操作。实验结果表明，增益介质在 SAM 中的掺杂比例会随溶液的浸润时间延长而升高，且提高染料溶液的浓度可以加速浸润过程。

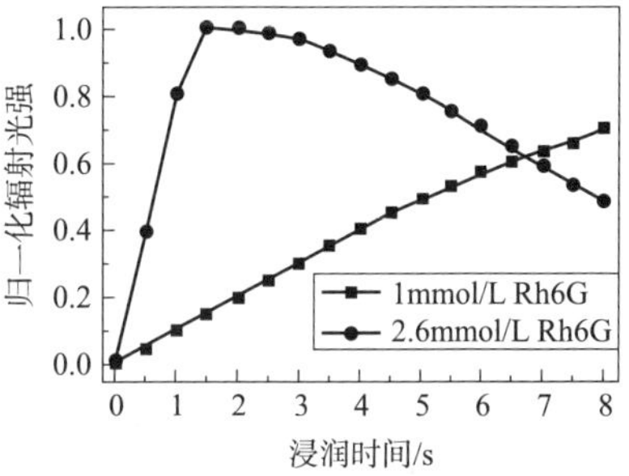

图 6－13　D-SAM 的辐射光强随染料浸润时间的关系

对 D-SAM 的自发辐射光强进行测定，构建 D-SAM 的辐射光强与浸润时间的关系，如图 6－13 所示。图 6－13 中，在 8s 的浸润过程里，1.0mmol/L 溶液中浸润的D-SAM 的辐射光强随浸润时间呈线性上升的趋势；而 2.6mmol/L 溶液中浸润的 D-SAM，辐射光强随浸润时间呈先上升后下降的趋势，且浸润 1.5s 的 D-SAM 有最高的辐射光强，因此将浓度 2.6mmol/L 和浸润时间 1.5s 规定为罗丹明分子掺杂 SAM 的优化工艺参数。

二、D-SAM 与光纤的耦合方法

搭建 D-SAM 与熔融光纤的组装平台，该平台与本征型 SAM 传感器的组装平台相同(见图 3-14)。SAM 微腔发光器件的耦合工艺流程如下：

(1)固定 D-SAM。利用低折射率的硅凝胶将 D-SAM 固定在玻璃基底上。

(2)连接光纤。将玻璃基底和熔锥光纤安装在组装平台上，并将光纤的尾纤分别与光源、光谱仪相连。

(3)D-SAM 与熔锥光纤耦合。调节 D-SAM 与熔锥光纤的间距以及 D-SAM 沿光纤轴向的位置，实现两者的高效耦合。

需要特别说明的是，实验室常用的粘接剂(如紫外固化胶)，在固化的过程中易挥发有机溶剂，而罗丹明染料是一种易溶于有机溶剂的材料，因此使用此类粘接剂易导致有机溶剂附着在 D-SAM 或熔锥光纤的表面，进而溶解染料分子并污染熔锥光纤，破坏其与 D-SAM 的耦合结构。本书通过实验研究发现，采用交联固化原理的粘接剂不仅可以避免有机溶剂挥发，而且粘接强度更好，因此特别选用了双组分环氧树脂对光纤与基底进行固定，完成了 D-SAM 微腔发光器件的制备，如图 6-14 所示。

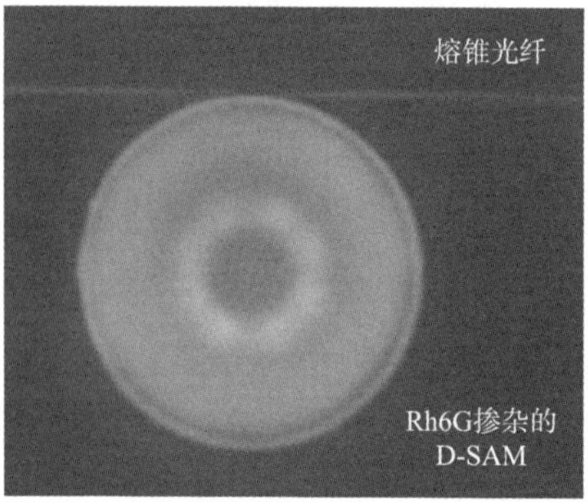

图 6-14　SAM 微腔发光器件的实物照片

综上所述，在 D-SAM 微腔发光器件的制备过程中，通过选择粒径合适的 SiO_2 纳米颗粒，采用流体断裂自适应技术、溶液浸润法，并选用合适的粘接剂实现了对 D-SAM 微腔发光器件结构参数的有效控制，成功制备了 D-SAM 微腔发光器件。

第四节　SAM 微腔发光器件的性质验证及性能测试

本节首先采用光谱检测法验证了 D-SAM 的光致发光特性，阐明了染料分子在自组装结构孔隙当中的聚集形态。继而对 SAM 微腔发光器件进行受激辐射实验，测试得到了它的输出波长、3dB 带宽、激光阈值、纵模模量等核心性能指标。在此基础上，对 SAM 微腔发光器件进行对比与性能评价。

一、D-SAM 光致发光特性的实验验证

增益介质的聚集形态是影响 SAM 微腔发光器件光致发光特性的重要因素。以下将通过光谱实验测试染料分子的聚集体形态，揭示 SAM 的光致发光特性。

(一)D-SAM 的吸收及荧光光谱测试平台

如图 6－15 所示，搭建光谱测试平台，分别对 Rh6G 分子掺杂的 D-SAM 和浓度为 2.6mmol/L 的 Rh6G 乙醇液滴两个测试对象进行光谱检测。

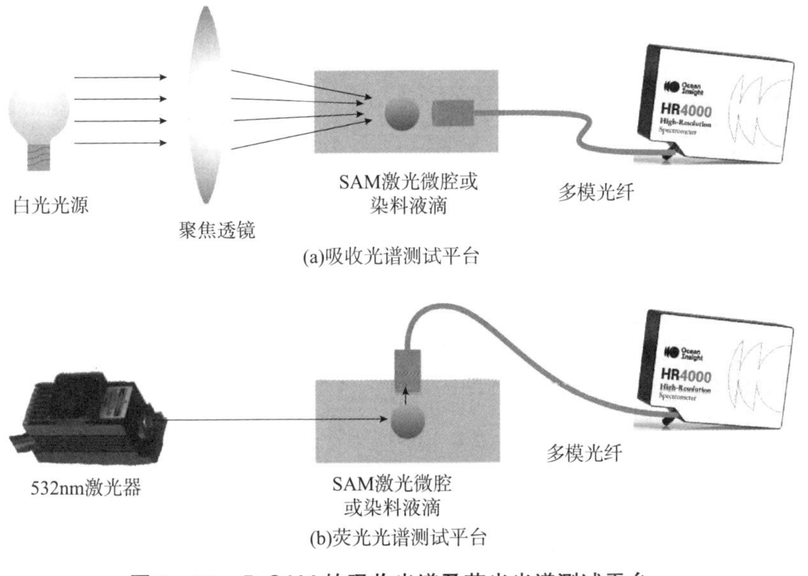

图 6－15　D-SAM 的吸收光谱及荧光光谱测试平台

在吸收光谱测试系统中，白光光源通过聚焦透镜汇聚在待测对象上，经过染料分子的吸收后，剩余的光能量经过准直透镜耦合并输入多模光纤中并传输进入光谱仪。在荧光光谱测试系统中，待测目标在吸收波长为 532nm 的激发光后，因自发辐射产生荧光，为避免激发光对测量结果造成干扰，准直透镜从激发光的正交方向接收荧光并通过多模光纤传输至光谱仪。利用光谱仪的上位机软件即可获得待测对象的吸收光谱和荧光光谱。

(二)测试结果与染料分子的聚集形态

根据单激子理论可知，在 2.6mmol/L 的低浓度乙醇溶液中，Rh6G 染料分子以单体形态存在，因此 Rh6G 乙醇溶液的光谱可以代表 Rh6G 分子单体的光谱信息。将 D-SAM 的光谱与分子单体的光谱进行对比，即可明确 Rh6G 在 D-SAM 中的聚集形态。

图 6－16(a)是待测对象的吸收光谱。相比染料分子单体，D-SAM 的吸收光谱发生了明显的展宽和较小的红移。通过对比图 6－8 中各类二聚体的吸收光谱，这一实际测量结果说明在 D-SAM 中，Rh6G 形成了非共面 J 形二聚体。

图 6－16(b)是待测对象的荧光光谱，其中 D-SAM 因自发辐射而产生的光波具有 591.8nm 的中心波长和 62.7nm 的荧光带宽。首先，该光谱曲线证明了 D-SAM 具有较好的荧光特性；其次，与单体的荧光光谱相比，D-SAM 的荧光光谱产生了红移和展宽，印证了其内部 Rh6G 分子形成了 J 形二聚体。

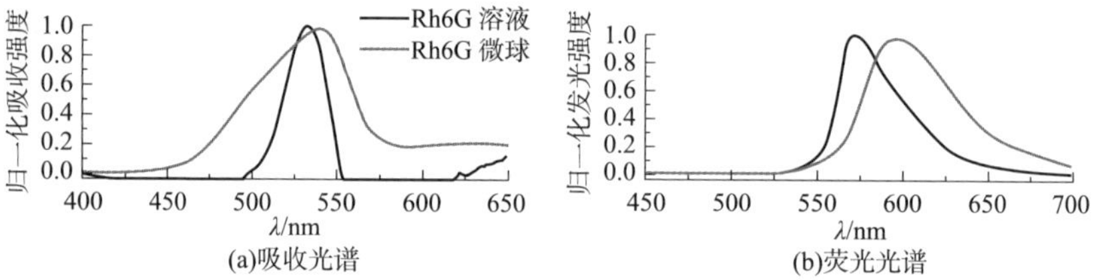

图 6－16　SAM 微腔发光器件和 Rh6G 乙醇溶液的光谱特征

测试结果充分说明了 D-SAM 中染料分子以 J 形二聚体形态存在，与理论预期一致。J 形二聚体的形成能充分说明 D-SAM 具有较好的光致发光特性，有利于构建基于 SAM 的微腔发光器件。

二、SAM 微腔发光器件的性能测试与评价

(一)性能测试平台

搭建如图 6－17 所示的 SAM 微腔发光器件性能测试平台，主要包括泵浦光源(Continuum 品牌 Surelite 系列 Nd：YAG 纳秒脉冲激光器，中心波长 532nm，重复频率 10Hz)、空间光学元件(反射镜、透镜、光阑等)、光学支架和高精度光谱分析仪(ANDOR 品牌 SR-750 型号，光谱分辨率为 9pm)。测试前将 SAM 微腔发光器件安装在光学支架上并将光纤与光谱分析仪连接，调节反射镜、透镜、光阑

使泵浦光聚焦于 D-SAM 所在的区域，并记录光谱数据。

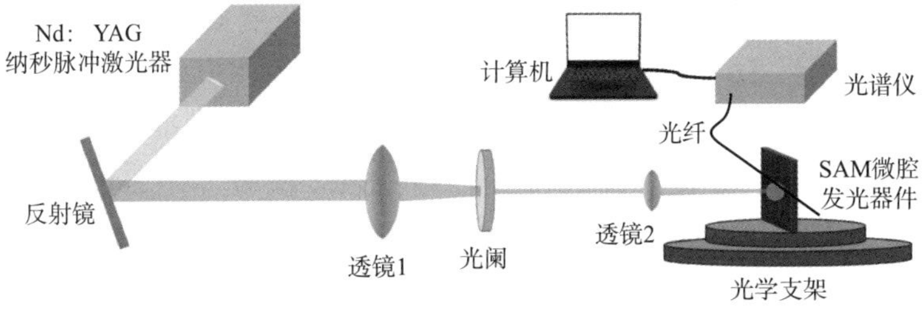

图 6－17　SAM 微腔发光器件的性能测试平台

（二）SAM 微腔发光器件的输出光谱测试

首先对 Rh6G 掺杂的 SAM 微腔发光器件进行测试。在测试过程中，逐渐增大泵浦源的光能量，在光谱分析仪中得到了一组输出光谱，如图 6－18 所示。图 6－18中，SAM 微腔发光器件的中心波长为 599nm，光谱的 3dB 带宽为 4.0nm，根据式（2－45）计算可知 Q 值为 2898。与图 6－16 中的荧光光谱（中心波长 591.8nm，荧光带宽 62.7nm）对比，输出光波长位于荧光光谱的中心区域，且 3dB 带宽远小于荧光光谱的带宽，显示出了良好的光学相干性，产生了激光。同时，光谱中出现了较多的纵模。多纵模产生的原因在于染料分子的增益曲线具有非均匀加宽的特点，因此纵模之间无法形成模式竞争效应，SAM 微腔发光器件最终将保留多纵模谐振的特点，输出多纵模激光。经测量，光谱中平均纵模间隔为 0.415nm，与该微腔通过式（6－18）计算得到的理论纵模间隔 0.412nm 基本吻合，说明每一个纵模模式均由光波的 WGM 谐振产生。虽然半径为 100μm 的 SAM 微腔的输出光谱具有多纵模谐振的特点，但是 SAM 基本实现了发光器件的功能。根据理论分析可知，随着 SAM 半径的进一步减小，*FSR* 会逐步增大，有助于形成单纵模激光输出，显示出更好的光谱激射特性。

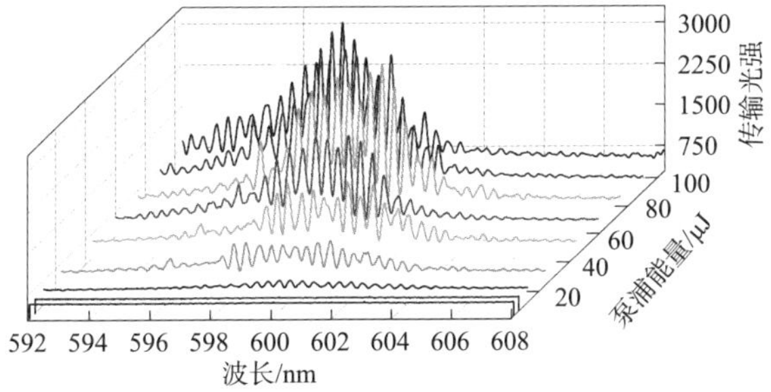

图 6－18　Rh6G 掺杂的 SAM 微腔发光器件的输出光谱

提取图 6－18 中不同泵浦能量条件下 SAM 微腔发光器件的输出光强，可以得到它们与泵浦能量的关系，如图 6－19 所示。由图 6－19 可知：

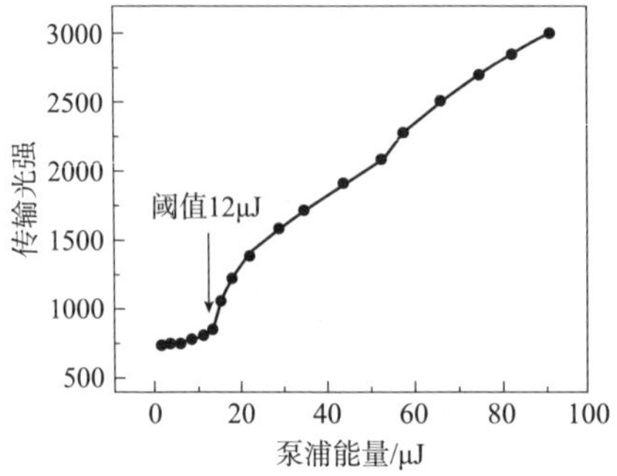

图 6－19　SAM 微腔发光器件的输出光强随泵浦光能量的变化规律

（1）随着泵浦能量从 2μJ 上升至 12μJ，SAM 微腔发光器件的输出光强缓慢增大，与泵浦能量呈线性关系，与式(6－10)的理论分析一致，此时 SAM 微腔发光器件产生的是自发辐射光。

（2）当泵浦能量达到 12μJ 后，SAM 微腔发光器件的输出光强随泵浦能量增大而迅速上升，与式(6－12)的理论分析一致，此时 SAM 微腔发光器件中产生了激光。

(3)SAM 微腔发光器件输出光强的拐点所代表的 12μJ 泵浦能量即为 SAM 微腔发光器件的激光阈值。

(4)当泵浦能量超过阈值后，SAM 微腔发光器件的输出光强与泵浦能量之间没有严格遵守线性关系，分析其原因在于，在实际测试过程中，随着泵浦能量的提高，SAM 发光器件中掺杂的染料分子会逐步出现光学漂白效应，导致染料分子的发光特性略微退化，与理论分析所预期的线性特征不完全相同。

通过以上测试发现，D-SAM 微腔发光器件在泵浦能量达到并超过了激光阈值条件后，可以产生受激辐射现象，通过光纤向外界输出激光。

（三）增益介质材料对发光性能影响规律的测试

为了验证 SAM 微腔发光器件的增益介质对其性能的影响，测试了 Rh6G 掺杂、RhB 掺杂以及两种染料分子共掺的三种 SAM 微腔发光器件的工作性能。在 90μJ 的泵浦能量作用下，三种微腔发光器件的输出光谱如图 6－20 所示。其中，Rh6G 掺杂的 SAM 微腔发光器件具有 597～601nm 的波长范围；Rh6G 和 RhB 共掺的 SAM 微腔发光器件具有 610～614nm 的波长范围；RhB 掺杂的 SAM 微腔发光器件具有 620～625nm 的波长范围，且这三种 SAM 微腔发光器件均显示出了多纵模的光谱特征。相比各自的荧光光谱，在泵浦能量达到 90μJ 的条件下，微腔发光器件的 3dB 带宽明显变窄，表现出了光学相干性。实验结果表明，SAM 不仅可以兼容多种染料增益介质，而且选用不同的增益介质或调节其掺杂比例可以有效调控输出光波长。

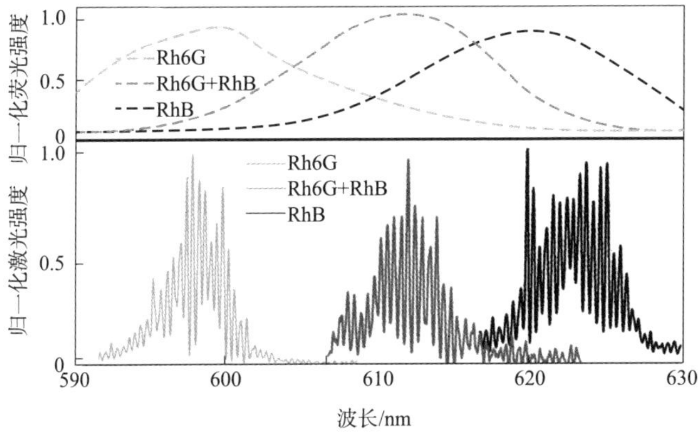

图 6-20　三种 SAM 微腔发光器件的输出光谱

通过改变泵浦光源的能量，建立三种 SAM 微腔发光器件的输出光强度与泵浦光能量的关系，如图 6-21 所示。从图 6-21 中可以分析得到，三种 SAM 微腔发光器件的阈值均在 12～15μJ 的范围内，说明染料掺杂的 SAM 微腔发光器件普遍具有较低的激光阈值水平。

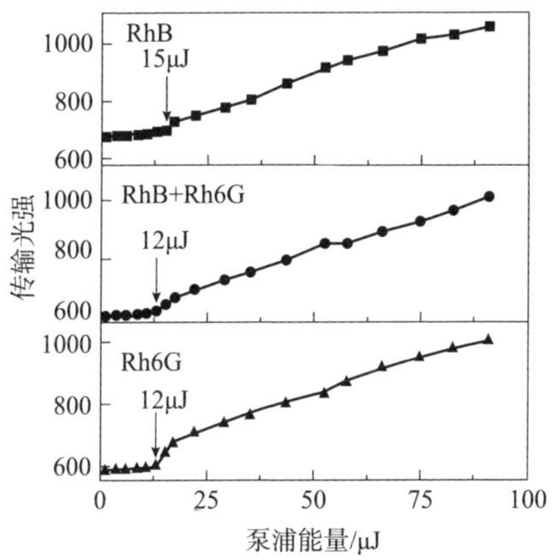

图 6-21　三种 SAM 微腔发光器件的阈值

（四）SAM 微腔发光器件的性能评价

通过实验测试，SAM 微腔发光器件不仅可以在低泵浦光能量条件下输出带宽为 62.7nm 的自发辐射光，而且可以在高泵浦能量条件下输出 3dB 带宽为 4.0nm 的激光。以下对 SAM 微腔发光器件与典型 WGM 微腔染料激光器的性能进行对比，如表 6-3 所示。

表 6-3　SAM 微腔发光器件与典型 WGM 微腔染料激光器的对比

类型	SAM 微腔发光器件	液体 WGM 染料激光器	半固体 WGM 染料激光器	固体 WGM 染料激光器
基质材料	SiO_2	乙醇	乙醇	光刻胶
掺杂方式	孔隙填充	溶解	溶解	溶解
3dB 带宽/nm	4.0	2.5	5	8

续表

类型	SAM 微腔发光器件	液体 WGM 染料激光器	半固体 WGM 染料激光器	固体 WGM 染料激光器
纵模模量	多纵模	多纵模	多纵模	多纵模
Q 值	2898	2000	10^9	2119
阈值	12μJ	（未阐明）	300μJ	109μJ/cm²

根据表 6－3 可知，SAM 微腔发光器件：

(1)实现了染料激光器的基质材料从有机物到无机物的拓展。SAM 充分利用纳米孔隙结构，以孔隙填充的方式完成了增益材料的掺杂。

(2)具有纳米量级的 3dB 带宽和多纵模的光谱特征。由于染料分子具有增益波长范围较宽的内禀属性，因此 SAM 微腔发光器件与典型的 WGM 染料激光器相似，输出激光的 3dB 带宽均为纳米量级，且光谱具有多纵模的特征。

(3)与半固体 WGM 染料激光器[结构详见图 6－1(b)]相比，SAM 的 Q 值仍有较大差距。SAM 受纳米颗粒漫反射作用的影响，其 Q 值较低，但是由于染料分子掺杂在 SAM 微腔内部，可以与 WGM 的导波模式相互作用，反而在空间域加强了光与物质的相互作用。相比之下，尽管半固体 WGM 激光器的 Q 值很高，但是由于它是利用倏逝场效应实现受激辐射作用的，因此光能量转化效率低，导致激光阈值更高。

综上，结合当前纳米颗粒合成技术的发展现状，本书采用粒径为 20nm 的最小 SiO_2 纳米颗粒，自组装制备了 SAM 微腔发光器件，该器件与液体 WGM 激光器、固体 WGM 激光器的性能指标相似；并且随着纳米技术的不断发展，SiO_2 颗粒的粒径将继续减小，SAM 发光器件的 Q 值还有进一步可以提升的空间，因此自组装技术在构建微腔发光器件方面具有重要的科学意义和发展潜力。本章所论述的微腔发光器件的实际应用优势主要体现在：一是制备方法简单，成本低；二是易于和多种类型的光子增益材料相结合，有助于实现多种波长出射；三是产生的光能量通过光纤输出，能够简化与其他器件的光耦合结构，提高光学系统的稳定性。因此，SAM 微腔发光器件的研究是面向可集成微型光源的一次积极探索。

本章探索性地提出了基于 SAM 的新型染料掺杂微腔发光器件。研究了该器件的自发辐射和受激辐射基础理论，并掌握了染料分子掺杂 SAM 的器件制备技术。通过实验验证了罗丹明染料以 J 形二聚集体形态存在于 SAM 微腔中，使其具有较好的光致发光特性。测试得到了这一器件的性能：在泵浦能量低于 12μJ

时，输出带宽约为 62.7nm 的自发辐射光，而在泵浦能量高于 12μJ 时，输出带宽约为 4.0nm 的多纵模激光。

SAM 微腔发光器件尽管目前 Q 值不高，但是由于具有可自由调控的孔隙结构，因此能够进一步与各种增益介质材料（如荧光染料、量子点、稀土化合物等）相结合，极有利于构建不同工作波长的 SAM 微腔发光器件，并且随着纳米合成技术的不断发展，SAM 的 Q 值也会继续提升。这也进一步说明了 SAM 在构建微型化、集成化、多波长的发光器件方面具有独特的技术潜力。

第七章　基于自组装微球的光子纳米射流技术

光子纳米射流(Photonic Nanojet，PNJ)是一种特殊光束，具有空间聚焦和光强倍增的特点，通常形成于透明微型光学器件的阴影侧，对于荧光和拉曼信号增强具有重要意义。本章在现有光子纳米射流技术的基础上，提出将纳米颗粒自组装所制备的SAM光学器件用于光子纳米射流的形成方面。通过自组装技术可以灵活调控SAM的表观形状，有利于球形、半球形和球盖形的低折射率光学器件的便携化制备，在延长光子纳米射流的工作距离与衰减长度方面有着特别的技术优势。本章内容包括光子纳米射流探针结构设计、SAM器件表观形状对光场空间分布的影响规律、光子纳米射流探针的制备工艺、光子纳米射流的光场测试与荧光增强作用。

第一节　光子纳米射流的研究意义与发展现状

一、光子纳米射流的研究意义

在光学领域，随着微米尺度光学器件结构与材料的日渐丰富，光场调控的原理和精细程度也日渐成熟。其中，光子纳米射流是一类通过光波辐照光学微球所形成的狭窄高能量光场，如图7－1所示。光子纳米射流具有束腰直径小、能量密度高等特点，形成了现代光学技术发展的新方向，在显微成像、物质操控、激光微加工和物质检测等领域发挥着重要的技术推动作用。

在显微成像领域，衍射极限是指一个理想物点经光学系统成像后由于衍射效应的限制所形成的一个夫朗和费衍射像。自1873年Abbe等人理论推导出衍射极限以来，光学显微镜的分辨率在一个多世纪中未能取得根本性突破。在可见光波段范围下，显微镜分辨率一直未能突破250nm尺度极限。因此，人类为进一步探究微观世界的本质，对超分辨显微成像技术提出了更具挑战的新要求。其中，光子纳米射流所形成的光束直径可以达到二分之一波长以下，这一指标为突破当前光学衍射极限问题，实现超分辨成像提供了新的技术途径。

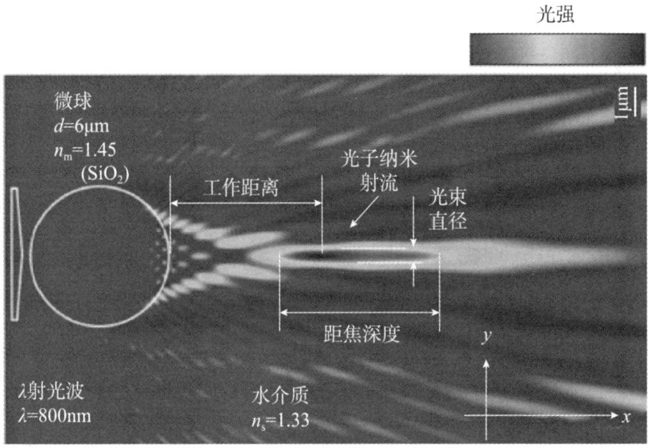

图 7－1　光子纳米射流的光场分布

在物质操控领域，光镊技术作为一种典型的光力学应用案例，不仅拓展了光学领域、推动了其发展，也为光学与其他多学科的交叉融合架起了一座桥梁。光子纳米射流能够产生明显的单光束梯度力阱，因此能够通过该效应与微粒形成强相互作用，实现对微粒的精密控制，进而发展成一种新的光镊器件。

在微加工领域，激光微加工的精度往往与光束的全高半宽成正比，为实现加工精度的提升，通常需要搭建复杂的透镜组将高能量激光聚焦在尽可能小的空间范围内。光子纳米射流技术的发展能够大大简化这一系统，通过选用单个光学微球，就可以将激光快速聚焦到百纳米尺度范围之下，提升现有设备的激光加工水平，有利于制备精细的纳米尺度结构或图案。

在物质检测领域，拉曼光谱是对与入射光频率不同的散射光谱进行分析，得到分子振动、转动信息，并应用于分子结构研究与分子识别的一种分析方法。目前，拉曼光谱检测技术对提高信号强度有着非常迫切的技术需求。光子纳米射流恰好有着极高的峰值光能量，对于有效激发拉曼非线性光谱，提升信噪比十分关键。

综上所述，光子纳米射流作为一种增强光与物质相互作用的新技术，可广泛用于基础物理、光谱分析、物态操控、生物医学和大数据存储等前沿领域，该技术也被 *Nature Photonics*（《自然光子》）期刊认定为具有单分子探测潜力的新一代技术。

二、光子纳米射流的发展现状

光子纳米射流是 2004 年美国西北大学 A Taflovet 团队率先发现的，顾名思义，这一类型的光场分布具有纳米量级的特征尺度和向前喷射的能量传输特性。我国在这一领域的研究实力达到了与国际同步的水平，主要围绕光子纳米射流开展了生物检测和精密制造技术研究。中山大学雷宏香利用光子纳米射流效应将荧光信号增强了 260 倍。中国科学院刘连庆利用光子纳米射流效应实现了低成本、高精度的激光刻蚀技术和超分辨成像技术的突破。上海理工大学林剑、上海大学宋扬、深圳先进技术研究院杨慧等也围绕光子纳米射流技术取得了诸多科研成果。

纵观光子纳米射流的技术发展历史与应用现状，形成光子纳米射流的主要方法是将平面光波以正入射的方式辐照微球体或微圆柱体侧表面。尽管这种方法所实现的 PNJ 具有极高的光束功率，但其较短的衰减长度限制了光与物质之间的相互作用距离，不利于较长时间和较大范围下实现光与物质的充分作用。为了同时增加空间分辨率并增强光与物质的相互作用，国内外围绕多层结构的介质微球展开了相关理论和仿真研究。他们通过梯度折射率排布的器件结构，计算得到了腰区宽度仅为 0.16λ 的 PNJ 的理论计算结果，但是由于工艺限制，目前还没有成功制造出这一类型的光学器件。另一种实现长距离衰减的方法是降低微球的折射率；然而，目前在光学材料的可选择范围内，微球主要由二氧化硅($n\approx1.46$)和聚苯乙烯($n\approx1.60$)材料构成，折射率难以满足长距离 PNJ 的形成条件。此外，选用半球结构可以比球形结构实现更长距离的聚焦效果。近期，研究报道了一种微球嵌入式光纤结构和一种微球耦合锥形光结构的光子纳米射流器件，它们选用光纤出射光作为光源，能够较大程度地简化光路对准的复杂度。然而，光纤在腐蚀和热熔拉锥过程中，其参数调控难度高，因此上述器件的重复性难以保证。显然，设计一种新的光纤结构并解决其中核心光学器件的制备难题，是推动光子纳米射流技术继续发展与应用的关键。

第二节　光纤微探针的结构设计及其对光场的影响

本章所提出的光子纳米射流光纤探针的结构如图 7-2 所示。主要包含三部分：端面切平的光纤、透光性极好的聚合物薄膜以及形状可灵活设计的自组装微球。此处所选用的光纤是 SMF-28 单模光纤，因为它具有低成本、易获取、技术成熟、应用广泛的优势。

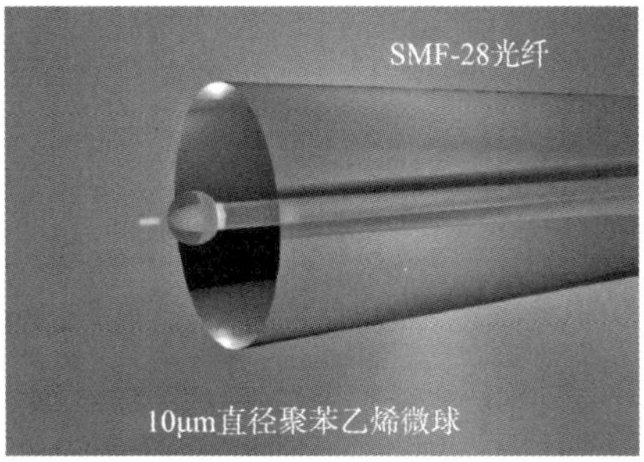

图 7－2　光子纳米射流光纤探针的结构示意

据已有研究报道，光子纳米射流对聚焦器件的直径有着明确的要求：2～40λ。由于本章所采用的光源是 Nd：YAG 激光器，其输出激光波长为 532nm，因此需要制作一个直径不超过 21.2μm 的自组装器件。此外，由于选用了单模光纤作为波导介质，纤芯直径约为 9μm，因此自组装器件的直径应大于 9μm，以最大限度地利用光纤纤芯输出的全部光能量。为了验证 SAM 在光子纳米射流方面的技术可行性，不失一般性地，以直径为 20μm 的球形自组装光学器件为例进行技术探索。

利用有限元仿真分析软件 Lumerical 2020 对本章所设计的光子纳米射流光纤微探针的出射光场进行仿真分析，其结果如图 7－3 所示。在仿真过程中，入射光是中心波长为 532nm 的高斯光束，其光场半径为 4.5μm，散度角为 6.89°，与 SMF-28 光纤的输出光束特征完全一致。球形自组装光学器件和器件所处环境的有效折射率分别设定为 1.367 和 1.000。在微球与光纤端面之间添加聚合物薄膜以优化光子纳米射流的光场分布。对比未添加薄膜结构的光纤微探针，可以发现薄膜对实现远距离与长衰减的光子纳米射流具有积极作用。在光纤端面涂覆厚度为 1.0μm、折射率为 1.41 的薄膜后，可以使最终形成的光子纳米射流的峰值功率增加 48.6%、工作距离延长 1.7%、衰减长度延长 6.4%。工作距离的延长有利于该光子纳米射流探针在应用过程中，避免微球与被测目标接触，减少了不必要的振动与摩擦，对维持这样一种亚毫米量级的光学系统的结构稳定性十分关键。衰减长度的增长能够延长和扩展光与物质的作用时间和作用范围，是 SAM

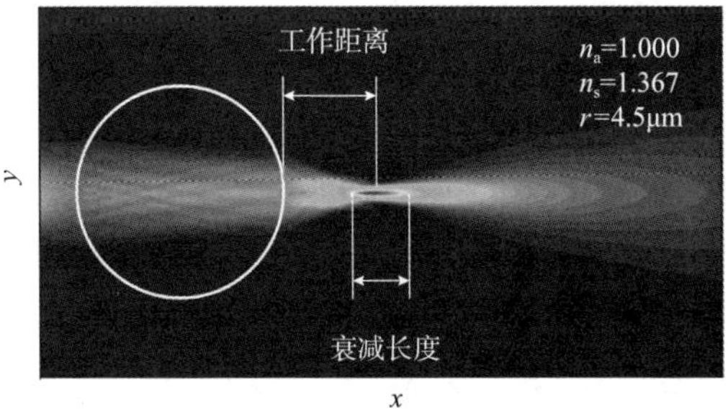

图 7－3　光子纳米射流光纤探针的光场仿真结果

区别于传统光学微球，优化 PNJ 光场分布的主要优势。

一、器件直径与折射率对光子纳米射流空间参数的影响

自组装微球的半径与折射率是影响光子纳米射流空间参数与聚焦强度的主要因素。

首先，分析了在微球折射率不变且光源条件相同的情况下，微球尺度变化对光子纳米射流的影响。当微球的半径小于光源的输出半径时，微球只能将其投影面积所在区域的光能量进行聚焦，其余光能量仍按照原本的传播路径向前传输。当微球的大小与光源的输出空间完全匹配时，全部光能量得到有效利用，能够最大限度地提高光子纳米射流的能量密度。

其次，仿真研究了在微球半径不变且光源条件相同的情况下，微球折射率变化对于光子纳米射流的影响。根据仿真结果，当微球的折射率小于 2.0 时，随着折射率增大，光子纳米射流的工作距离不断减小。当折射率超过 2.0 时，光子纳米射流将从微球外部转移至微球内部。此时光波聚焦后，PNJ 的衰减长度也随之变小，如图 7－4 所示。

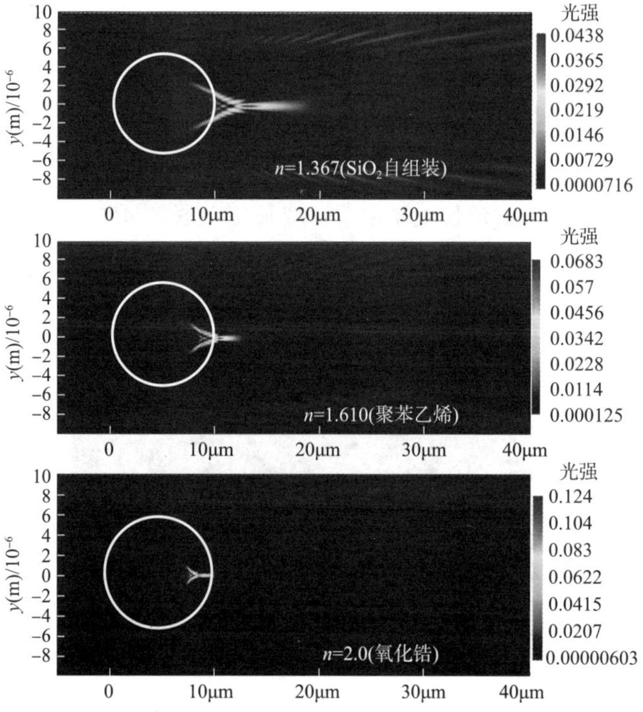

图 7－4　不同折射率的微球所形成光子纳米射流的仿真结果

在光信息领域，需要利用光子纳米射流技术增加光与物质的作用强度与作用距离，因此选用半径与光源匹配的微球，同时保证光子纳米射流位于微球外部，是实现信号增强的更优选择。

二、器件的形状对光子纳米射流空间参数的影响

为了探究在相同曲率半径和相同折射率条件下，不同形状的自组装微球对光子纳米射流空间结构参数的影响，进行了一系列的仿真分析，如图 7－5 所示。在这一组仿真分析中，五种不同形状的类球形自组装光学器件有着相同的曲率半径，它们的曲率半径统一设置为 10μm。从图 7－5(a) 至图 7－5(e)，光源的空间位置也在不断前移，以实现自组装微球从球形到半球再到球盖的器件形状仿真。其他仿真条件与图 7－3 完全一致。此处以自组装器件与光纤端面的接触角 θ_s 作为区分微球形状的主要参数。根据仿真分析结果可知，当 $\theta_s = 180°$时，自组装器件具有完整的球形几何轮廓，能够与传统微球一样形成经典的光子纳米射流现象。当 $\theta_s < 180°$时，自组装光学器件仍能够以半球或球盖的形状支持光子纳米射流产生。随着 θ_s 不断降低，光子纳米射流的工作距离也在不断远离微球，且光子纳米射流的衰减长度逐步增长。

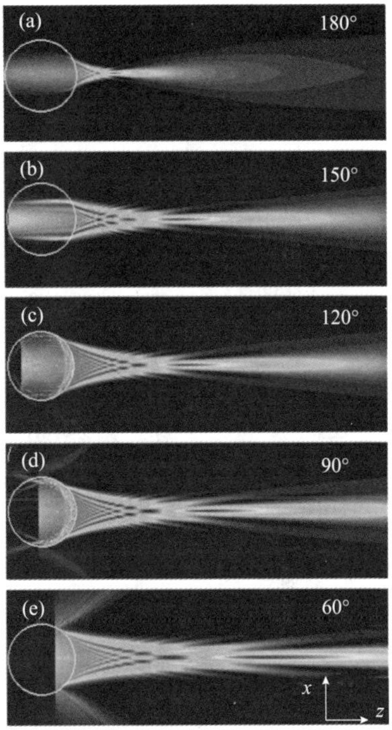

图 7－5　自组装光学器件的形状对光子纳米射流的影响

为了更直观地对光子纳米射流的能量分布进行定量比较，将图 7－5 的仿真分析结果进行了归一化处理：假设接触角 θ_s 为 60°的球盖形自组装器件所形成的 PNJ 的功率峰为 1，那么当 θ_s 分别为 90°、120°、150°和 180°时所对应的微型自组装器件的 PNJ 功率峰值分别为 2.0、3.6、5.8 和 10.6。

图 7－6(a)给出了 PNJ 沿传播方向的功率分布。根据此图，衰减长度和工作距离均随 θ_s 的减小而增大。对于 $\theta_s = 60°$的球盖形自组装光学器件，其光子纳米射流的衰减长度可以达到 96.7μm，工作距离达到 81.2μm。图 7－6(b)展示了垂

直于光传播方向的 PNJ 腰区的功率分布。随着 θ_s 下降，PNJ 功率不断下降，但聚焦点处光子纳米射流的腰束宽度集中在 1.7 ~ 2.5μm 范围内，并未出现明显的展宽。这一理论分析结果与当前文献报道的多层微球的聚焦效果相当。根据这一推论，将自组装器件的界面角 θ_s 控制在 60°左右，有望构建一个更长、更远的 PNJ。

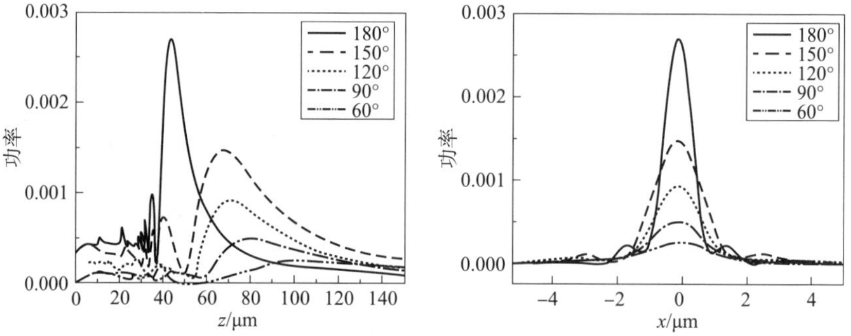

(a)平行方向　　(b)正交方向

图 7－6　光子纳米射流沿光传播的平行方向和正交方向的能量分布

第三节　光子纳米射流光纤微探针的制备方法

为了降低纳米颗粒的吸收和散射损耗，应选用粒径更小的纳米颗粒进行 SAM 器件的制备。然而随着粒径降低制备难度陡增，因此本章选择了直径为 15nm 的 SiO_2 纳米颗粒。在自组装之前，为了防止纳米颗粒在液相分散体系中不受控地聚集，在纳米颗粒分散液中加入了微量的氢氧化物，使颗粒之间保持较大的静电排斥能。之后，利用超疏水材料对玻璃基片进行表面自由能调控。将纳米颗粒分散液分区域滴落在超疏水涂层表面，液滴内的水分子在室温条件下持续稳定蒸发，驱动纳米颗粒自组装形成具有球形结构的光子器件，完成 SAM 的制备，结果如图 7－7 所示。

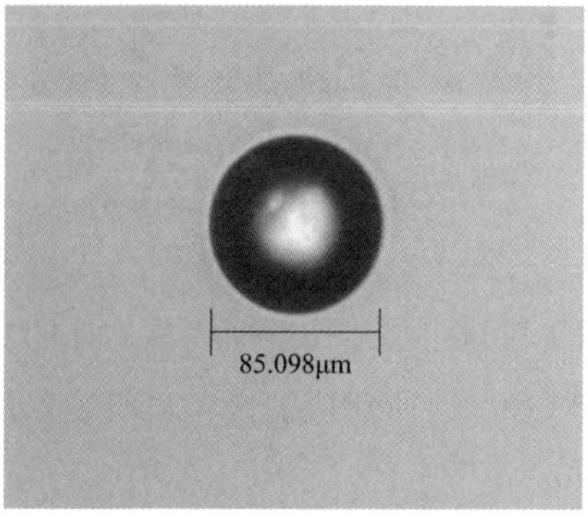

图 7－7　SAM 在超疏水涂层表面呈现球形的几何形态

通过第一章的论述可知，用纳米颗粒分散液自组装技术制备直径为几十微米的光子器件需要皮升量级的液滴。采用基于 Plateau-Rayleigh 不稳定过程的液体容积调控方法，可以利用自然扰动破坏自由落体的水柱，使水柱在表面张力的作用下，收缩成若干直径均匀的液滴。液滴直径与液柱直径的比值约为 3。因此，选用内径为 6.6μm 的管道，可以得到大量直径约为 20μm 的液滴。在这些液滴落到疏水表面的过程中，管道以 20mm/s 的速度移动，使液滴在下落时彼此分离，随后经历 10s 左右的固化过程，形成自组装类球形器件。

一、自组装光学器件的形状调控方法

在自组装过程中，液滴形状的演变过程已在图 1 –9 中进行了详细的分析。由于液滴内部始终保持质量守恒，因此液滴浓度越低，在水蒸发过程中损失的高度和半径越大。图 7 –8 给出了不同浓度的纳米颗粒分散液在超疏水基底表面形成的不同形状的自组装光学微纳器件。这些器件分别具有球形、半球形以及球盖形的表观形状，对应的接触角 θ_s 分别为 120°、90°和 60°。自组装器件的表面粗糙度能够达到亚纳米量级，因此对传输光波具有极低的米氏散射作用。

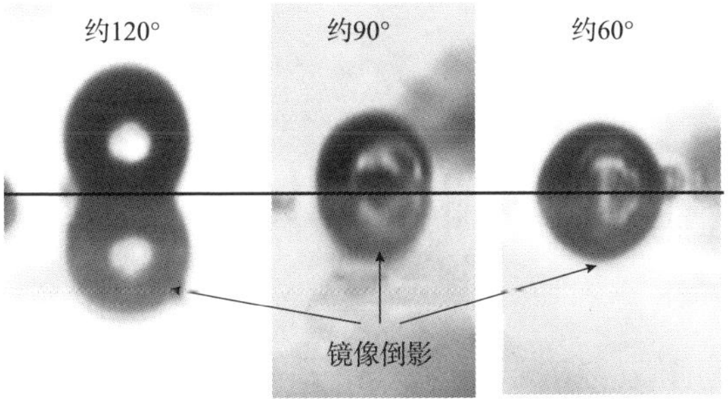

图 7 –8　自组装光学器件在显微镜下的实物照片

与传统的 SiO_2 微球不同，自组装器件由 SiO_2 纳米颗粒和其内部孔隙组成。根据面心立方密堆积模型，纳米颗粒在自组装器件中的体积比为 74%，因此该微球的折射率小于 SiO_2 的折射率。纳米颗粒的直径约为 15nm，远小于入射光波长 532nm。利用布拉格曼模型，可以推导得出自组装光子纳米射流微球形器件的有效折射率为 1.367。

二、自组装光学器件在光纤端面的集成

为了构建光子纳米射流光纤探针，需要将自组装光学器件从超疏水基底表面

转移到光纤端面上。其操作方法如下：

首先，为保证探针结构稳定，需要在光纤端面上涂覆高透明的聚合物薄膜，利用该薄膜的粘附力加固自组装器件与光纤的集成化结构。本报告选用的薄膜为硅凝胶材料，折射率为 1.402、透明度高达 99.45%、厚度约为 1.0μm，覆盖了整个光纤端面所在区域。

其次，通过热熔拉锥的方法在内径为 100μm 的玻璃毛细管的端面上制备一个锋利的尖端，并将该玻璃尖端固定在精密的三维微位移平台上。用一块丝绸摩擦玻璃毛细管，使其带有静电。

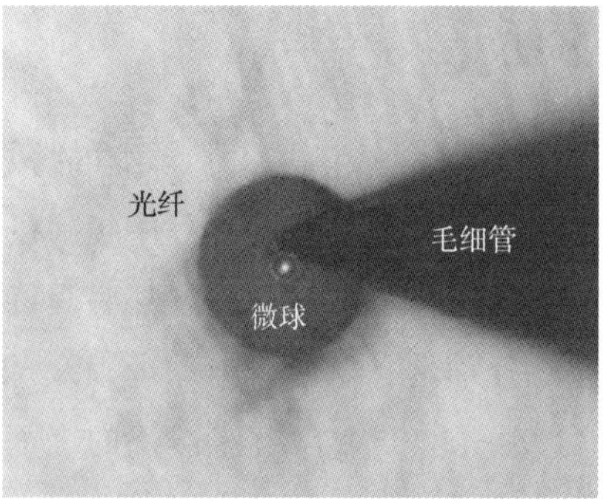

图 7 -9　静电辅助自组装光学器件向光纤端面转移

最后，在显微镜的辅助下，将玻璃尖端移动到超疏水基底表面的自组装器件附近，通过静电力的吸引作用，提取该自组装器件，并将其转移到光纤端面，放置于光纤纤芯所对应的位置，如图 7 -9 所示。由于聚合物薄膜的附着力强于玻璃毛细管对自组装器件的静电吸引力，自组装器件被成功地转移并固定在光纤端面上。至此，完成了光纤探针的制备。

第四节　自组装器件形成光子纳米射流的参数测试

图 7 -10(a)和图 7 -10(b)分别对比了 θ_s 为 150°和 60°的自组装光纤器件在与光纤端面集成后，聚焦 532nm 光波所形成的光子纳米射流。该组图像是由放大倍数为 2000 倍的高分辨率显微系统(徕卡 DM2700M)拍摄而成。由于高倍率显微镜头的聚焦深度有限，光纤和自组装器件的轮廓稍显模糊。尽管如此，图片仍揭示了光子纳米射流光纤探针的结构特征和聚焦所形成的光子纳米射流的实际测试结果。通过比较这两种不同的光子纳米射流的空间特征，可以看出 θ_s 为 60°的自组装球盖所产生的 PNJ 比 θ_s 为 150°的自组装光纤器件产生的 PNJ 有着更远的工作距离和更长的衰减长度。这一实验结果与前述理论分析完全一致。

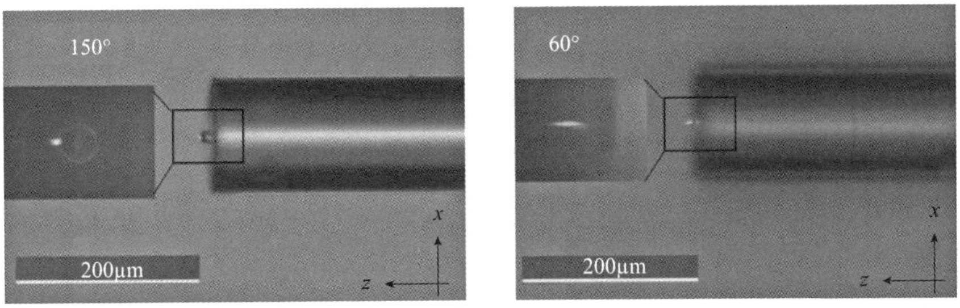

(a)　　　　(b)

图 7－10　光子纳米射流光纤探针实物

利用激光光束诊断系统（Spiricon，SP620U）对上述自组装器件所形成的 PNJ 进行定量分析。其实际测试结果如图 7－11 所示。图 7－11（a）中的红线为图 7－10（a）中 PNJ 在 x 方向的功率分布，说明了实验测试结果与理论仿真结果基本吻合。这一 PNJ 的腰束宽度约为 1.5μm。图 7－11（b）给出了图 7－10（b）中 PNJ 在 z 方向的功率分布，测试结果与理论仿真结果类似。通过上述实际测试结果，可以发现当 θ_s 为 60°时，自组装光学器件所形成的 PNJ 的衰减长度高达 72.2μm，工作距离则达到了 79.8μm。

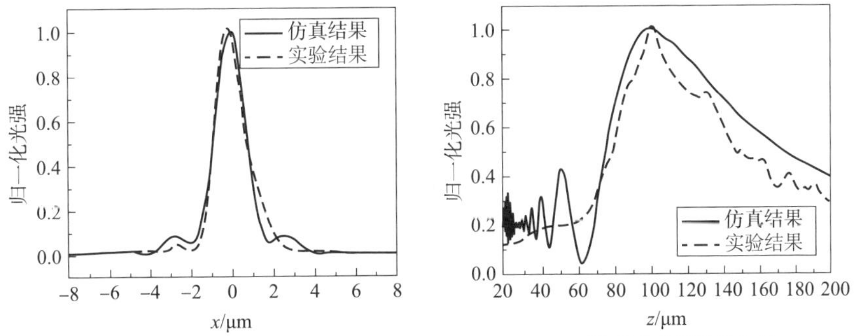

图 7－11　θ_s 分别为 150°和 60°时，PNJ 沿 x 轴和 z 轴的光场能量分布

以腰区宽度、工作距离和衰减长度为分析目标，对不同形状的光纤集成型 PNJ 进行定量分析，其结果如图 7－12 所示。图 7－12 表明，光纤集成型的 PNJ 的实际测试结果与仿真结果均具有很好的一致性。在数据模拟和实际测试中，PNJ 腰区的宽度均大于 $\lambda/2$。造成这种现象主要包括使用了高斯光源、低折射率器件和非球形器件三方面因素。需要说明的是，截至目前，即使对于多层微球，产生一个衰减距离较长的 PNJ 也会难以避免腰区宽度展宽。考虑到本研究的主要

目标是构建一个较长距离的 PNJ，这些参数仍在可接受范围内。根据不同的应用需求，若需要形成一个高能量密度的 PNJ，选用平面波光源耦合折射率为 1.6～1.8 的微球为更优选择。

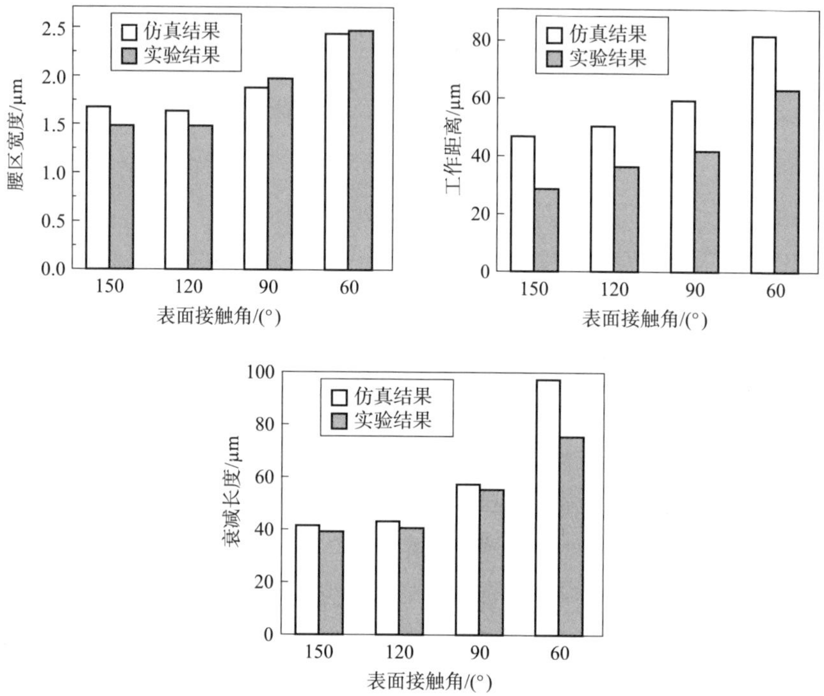

图 7－12　PNJ 的腰区宽度、工作距离和衰减长度与自组装器件形状的关系

第五节　光子纳米射流对荧光增强的作用

根据上述研究可知，光纤集成的光子纳米射流器件具有光束聚焦能量强、体积紧凑、耐腐蚀等特点，因此这一器件在生物荧光检测方面有着巨大的应用潜力。以荧光增强作为应用背景，进一步开展了基于光纤的 PNJ 荧光增强测试。实验系统如图 7－13 所示，在该系统中，检测的对象是嵌入在腔体内部的微量派洛宁 B 染色样品。派洛宁 B 是一种常用于生物细胞鉴定的无毒荧光染料。它能够在 510～575nm 的宽波段上吸收光子，并发射中心波长为 597nm 的荧光。测试系统选用的激发光源为 Nd：YAG 激光器，波长为 532nm、功率为 5MW。

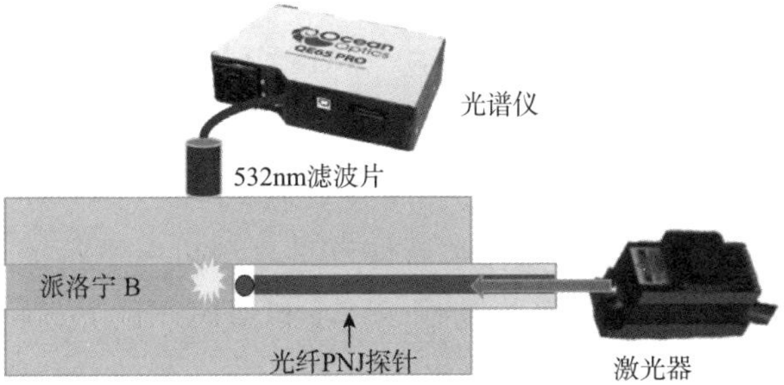

图 7－13　光纤集成型 PNJ 荧光增强检测系统

该组测试先后采用了显微成像和光谱分析两种方式对 PNJ 的增强效果进行实验验证。首先利用徕卡 DM2700M 显微镜拍摄荧光激发的效果，然后利用光谱仪(海洋光学，QEpro)收集荧光并对光谱进行分析，在光谱仪的前端安装有一个 532nm 的波长截止滤光片。检测结果如图 7－14 所示，图 7－14(a)和图 7－14(b) 分别展示了同一批派洛宁 B 样品在光纤 PNJ 探针和普通单模光纤照射下的荧光强度，显然图 7－14(a)中的 PNJ 激发出了更强的荧光。在这两种不同激发条件下，利用光谱仪提取所激发的荧光光谱，如图 7－14(c)所示。通过对峰值强度的对比，得到光纤 PNJ 探针的信号增强因子达到了 9.65 倍。上述实验证明了 PNJ 在增强光与物质相互作用方面的优势，为解决微弱物质检测提供了一种新的测试工具与研究思路。以生物发光检测为例，本文所研制的 PNJ 信号增强探针能够同时满足荧光强度不足、工作环境狭小和高成像分辨率的严苛要求，在生物光子学和医学检测领域具有广泛的应用潜力。

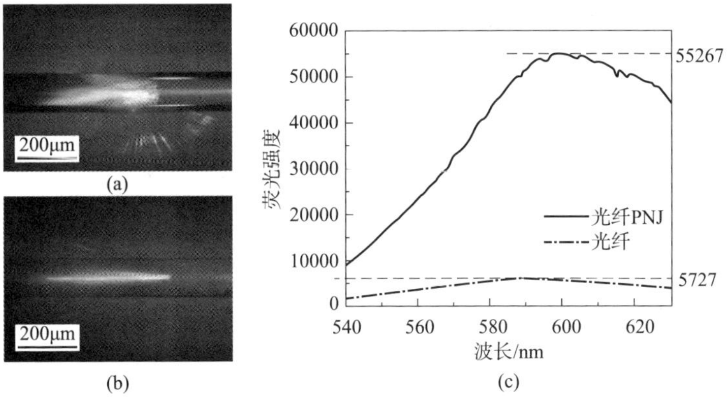

图 7－14　光子纳米射流的荧光增强测试结果

本章从原理介绍和实验测试两方面验证了自组装光子器件在形成工作距离

远、衰减长度长、腰区宽度窄的 PNJ 方面所具备的突出优势。对于传统的光学器件制造方法，如蚀刻、熔化和切割而言，在直径不大于 20μm 的微小器件上进行形状雕刻是一项难度极大的挑战。但对于纳米颗粒自组装技术而言，微型器件的形状调控非常简单，并且不需要使用大型专业设备，可一次性批量制备自组装光学器件。此外，自组装所形成的光学器件还具有低折射率特征，对于改变现有 PNJ 的空间分布参数起到了积极推动作用。项目所研制的光纤探针以近 10 倍的信号增强效果在高分辨率内窥成像、生物体内生化分析、高精度光声光谱监测、拉曼信号增强和深孔光刻加工等前沿领域展现出良好的技术应用前景。

参考文献

[1]Rayleigh L. CXII. The problem of the whispering gallery[J]. The London, Edinburgh, and Dublin Philosophical Magazine and Journal of Science, 1910, 20(120): 1001–1004.

[2]Garrett C, Kaiser W, Bond W. Stimulated emission into optical whispering modes of spheres[J]. Physical Review, 1961, 124(6): 1807.

[3]Braginsky V, Gorodetsky M, Ilchenko V. Quality-factor and nonlinear properties of optical whispering-gallery modes[J]. Physics Letters A, 1989, 137(7): 393–397.

[4]Daniil Z, Davor R, Elena R, et al. Refractometric gas sensing using a whispering gallery mode microresonator coated with a supra-micron sol-gel layer[J]. Optical Materials, 2021, 118: 111–286.

[5]Min B, Ostby E, Sorger V, et al. High-Q surface-plasmon-polariton whispering-gallery microcavity[J]. Nature, 2009, 457(7228): 455–458.

[6]Francesco C, Dario L, Daniele F, et al. Long period grating-based fiber coupling to WGM microresonators[J]. Micromachines, 2018, 9(7): 366.

[7]Liu S, Sun W, Wang Y, et al. End-fire injection of light into high-Q silicon microdisks[J]. Optica, 2018, 5(5): 612.

[8]Liu W, Chen Y, Tang S, et al. Nonlinear sensing with whispering-gallery mode microcavities: from label-free detection to spectral fingerprinting[J]. Nano Letters, 2020, 21(4): 1566–1575.

[9]Bi L, Hu J, Jiang P, et al. On-chip optical isolation in monolithically integrated non-reciprocal optical resonators[J]. Nature Photonics, 2011, 5(12): 758–762.

[10]Rosenblum S, Lovsky Y, Arazi L, et al. Cavity ring-up spectroscopy for ultrafast sensing with optical microresonators[J]. Nature Communications. 2015, 6: 67788.

[11]Shen Z, Zhang Y, Chen Y, et al. Experimental realization of optomechanically induced non-reciprocity[J]. Nature Photonics, 2016, 10(10): 657–661.

[12]Pennetta R, Xie S, Zeltner R, et al. Optomechanical cooling and self-stabilization of a waveguide coupled to a whispering-gallery-mode resonator[J]. Photonics Research, 2020, 8(6): 844–851.

[13]Arnold S, Keng D, Shopova S, et al. Whispering gallery mode carousel—a photonic mechanism for enhanced nanoparticle detection in biosensing[J]. Optics Express, 2009, 17(8): 6230–6238.

[14]Rosenblum S, Bechler O, Shomroni I, et al. Extraction of a single photon from an optical pulse[J]. Nature Photonics, 2015, 10(1): 19–27.

[15]Liu Y, Xia Q, Wang H, et al. Robust whispering gallery mode resonator for humidity measurement[J]. Optical Fiber Technology, 2020, 60: 102378.

[16]Brice I, Grundsteins K, Atvars A, et al. Whispering gallery mode resonator and glucose oxidase based glucose biosensor[J]. Sensors and Actuators B Chemical, 2020, 318(1): 128004.

[17]Xu X, Chen W, Zhao G, et al. Wireless whispering-gallery-mode sensor for thermal sensing and aerial mapping[J]. Light: Science & Applications, 2018, 007(005): 325 – 330.

[18]Gu N, Zhang H, Liu B, et al. All-fiber electric field sensor based on whispering-gallery-mode resonances in U-bent single-mode fibers integrated with liquid crystal[J]. Optical Engineering, 2017, 56(2): 026102.

[19]R. Ali A, Ioppolo T, Ötügen V, et al. Photonic electric field sensor based on polymeric microspheres[J]. Journal of Polymer Science Part B: Polymer Physics, 2014, 52(3): 276 – 279.

[20]Heylman K, Thakkar N, Horak E, et al. Optical microresonators as single-particle absorption spectrometers[J]. Nature Photonics, 2016, 10(12): 788.

[21]Zhang Y, Zhou T, Han B, et al. Optical bio-chemical sensors based on whispering gallery mode resonators[J]. Nanoscale, 2018, 10(29): 13832 – 13856.

[22]Foreman M, Swaim J, Vollmer F. Whispering gallery mode sensors[J]. Adv Opt Photonics, 2015, 7(2): 168 – 240.

[23]Ward J, Yong Y, Lei F, et al. Nanoparticle sensing beyond evanescent field interaction with a quasi-droplet microcavity[J]. Optica, 2018, 5(6): 674 – 677.

[24]Lu Q, Chen X, Fu L, et al. On-chip real-time chemical sensors based on water-immersion-objective pumped whispering-gallery-mode microdisk laser[J]. Nanomaterials, 2019, 9(3): 479.

[25]李昂震, 王鹏飞. 基于玻璃材料的微球激光器的研究进展[J]. 激光与光电子学进展, 2019, 56(17): 243 – 252.

[26]杨旭. 回音壁模式光学微腔的拉曼调制及其应用[D]. 北京: 清华大学, 2016.

[27]Kippenberg T, Holzwarth R, Diddams S A. Microresonator-based optical frequency combs[J]. Science, 2011, 332(6029): 555 – 559.

[28]Del'Haye P, Schliesser A, Arcizet O, et al. Optical frequency comb generation from a monolithic microresonator[J]. Nature, 2007, 450(7173): 1214 – 1217.

[29]Liang W, Ilchenko V, Savchenkov A A, et al. Passively mode-locked raman laser[J]. Physical Review Letters, 2010, 105(14): 143903.

[30]Sun Y, Fan X. Analysis of ring resonators for chemical vapor sensor development[J]. Optics Express, 2008, 16(14): 10254 – 10268.

[31]Fan X, White I, Shopova S, et al. Sensitive optical biosensors for unlabeled targets: A review[J].

Analytica Chimica Acta, 2008, 620(1-2): 8-26.

[32] Vollmer F, Yang L. Review Label-free detection with high-Q microcavities: a review of biosensing mechanisms for integrated devices[J]. Nanophotonics, 2012, 1(1): 267-291.

[33] Baaske M, Vollmer F. Optical resonator biosensors: molecular diagnostic and nanoparticle detection on an integrated platform[J]. Chemphyschem, 2012, 13(2): 427-436.

[34] Li B, Wang Q, Xiao Y, et al. On chip, high-sensitivity thermal sensor based on high-Q polydimethylsiloxane-coated microresonator[J]. Applied Physics Letters, 2010, 96(25): 1777.

[35] Manzo M, Ioppolo T, Ayaz U, et al. A photonic wall pressure sensor for fluid mechanics applications[J]. The Review of scientific instruments, 2012, 83(10): 105003.

[36] Loppolo T, Stubblefield J, Oetuegen M. Electric field-induced deformation of polydimethylsiloxane polymers[J]. Journal of Applied Physics, 2012, 112(4): 4273-4280.

[37] Ioppolo T, Rubino E. Magnetic field-induced morphology-dependent resonances of a coupled composite metglas slab with a polymeric optical resonator[J]. Journal of Polymer Science Part B-Polymer Physics, 2014, 52(3): 272-275.

[38] Rosenberger A. Analysis of whispering-gallery microcavity-enhanced chemical absorption sensors [J]. Optics Express, 2007, 15(20): 12959-12964.

[39] Farca G, Shopova S I, Rosenberger A T. Cavity-enhanced laser absorption spectroscopy using microresonator whispering-gallery modes[J]. Optics Express, 2007, 15(25): 17443-17448.

[40] Nitkowski A, Long C, Lipson M. Cavity-enhanced on-chip absorption spectroscopy using microring resonators[J]. Optics Express, 2008, 16(16): 11930-11936.

[41] Stoian R, Bui K, Rosenberger A. Silica hollow bottle resonators for use as whispering gallery mode based chemical sensors[J]. Journal of Optics, 2015, 17(12): 125011.

[42] Baaske M, Foreman M, Vollmer F. Single-molecule nucleic acid interactions monitored on a label-free microcavity biosensor platform[J]. Nature Nanotechnology, 2014, 9(11): 933-939.

[43] Shao L, Jiang X F, Yu X C, et al. Detection of single nanoparticles and lentiviruses using microcavity resonance broadening[J]. Advanced materials(Deerfield Beach, Fla.), 2013, 25(39): 5616-5620.

[44] Zhu J, Ozdemir S K, Xiao Y F, et al. On-chip single nanoparticle detection and sizing by mode splitting in an ultrahigh-Q microresonator[J]. Nature photonics, 2010, 4(1): 46-49.

[45] Zhu J, Özdemir Ş K, He L, et al. Single virus and nanoparticle size spectrometry by whispering-gallery-mode microcavities[J]. Optics express, 2011, 19(17): 16195-16206.

[46] Vollmer F, Arnold S. Whispering-gallery-mode biosensing: label-free detection down to single molecules[J]. Nature Methods, 2008, 5(7): 591-596.

[47] Ramachandran A, Wang S, Clarke J, et al. A universal biosensing platform based on optical mi-

cro-ring resonators[J]. Biosensors and Bioelectronics, 2008, 23(7): 939-944.

[48] Xu D X, Vachon M, Densmore A, et al. Label-free biosensor array based on silicon-on-insulator ring resonators addressed using a WDM approach [J]. Optics letters, 2010, 35 (16): 2771-2773.

[49] Guo Z, Qin Y, Chen P, et al. Hyperboloid-drum microdisk laser biosensors for ultrasensitive detection of human IgG[J]. Small, 2020, 16(26): 2000239.

[50] Yalcin A, Popat K, Aldridge J, et al. Optical sensing of biomolecules using microring resonators [J]. IEEE Journal of Selected Topics in Quantum Electronics, 2016, 12(1): 148-155.

[51] Tajiri T, Matsumoto S, Imato T, et al. Characteristics of whispering gallery mode in microsphere covered antigen-antibody layer at attenuated-total-reflection configuration[C]//Takamichi Nakamoto, Andrew Shkel, Sang-Seok Lee, Bernhardt Jakob, Aniline Roy, Takeshita Tokuda. IEEE Sensors, 2014: 641-644.

[52] Mcclellan M, Domier L, Bailey R. Label-free virus detection using silicon photonic microring resonators[J]. Biosensors & Bioelectronics, 2012, 31(1): 388-392.

[53] Yebo N, Lommens P, Hens Z, et al. An integrated optic ethanol vapor sensor based on a silicon-on-insulator microring resonator coated with a porous ZnO film[J]. Optics Express, 2010, 18 (11): 11859-11866.

[54] Mallik A, Farrell G, Liu D, et al. A Coated spherical microresonator for measurement of water vapor concentration at PPM levels in very low humidity environments[J]. Journal of Lightwave Technology, 2018, 36(13): 2667-2674.

[55] Mehrabani S, Kwong P, Gupta M, et al. Hybrid microcavity humidity sensor[J]. Applied Physics Letters, 2013, 102(24): 1101.

[56] Vittorio P, Francesco D, Francesco D L. Ammonia optical sensing by microring resonators[J]. Sensors, 2007, 7(11): 2741-2749.

[57] Sun Y, Shopova S I, Frye-Mason G, et al. Rapid chemical-vapor sensing using optofluidic ring resonators[J]. Optics letters, 2008, 33(8): 788-790.

[58] Pang F, Han X, Chu F, et al. Sensitivity to alcohols of a planar waveguide ring resonator fabricated by a sol-gel method[J]. Sensors & Actuators B Chemical, 2007, 120(2): 610-614.

[59] Robinson J, Long C, Lipson M. On-chip gas detection in silicon optical microcavities[J]. Optics Express, 2008, 16(6): 4296-4301.

[60] He L, Özdemir Ş K, Yang L. Whispering gallery microcavity lasers [J]. Laser & Photonics Reviews, 2013, 7(1): 60-82.

[61] Xu X, Tan M, Corcoran B, et al. 11 TOPS photonic convolutional accelerator for optical neural networks[J]. Nature, 2021, 589(7840): 44.

[62] Hu D, Wu Z, Cao H, et al. Dual-comb absolute distance measurement of non-cooperative targets with a single free-running mode-locked fiber laser[J]. Optics Communications, 2020, 482: 126-566.

[63] Larsson A. Advances in VCSELs for communication and sensing[J]. IEEE Journal of Selected Topics in Quantum Electronics, 2011, 17(6): 1552-1567.

[64] Cai M, Painter O, Vahala K, et al. Fiber-coupled microsphere laser[J]. Optics Letters, 2000, 25(19): 1430-1432.

[65] Ding Y, Fa N, Zhang X, et al. Ultralow-threshold neodymium-doped microsphere lasers on a silicon chip[J]. Optics Communications, 2017, 395: 51-54.

[66] Zhang Q, Ha S, Liu X, et al. Room-temperature near-infrared high-Q perovskite whispering-gallery planar nanolasers[J]. Nano Letters, 2014, 14(10): 5995-6001.

[67] 姚祖光. 新型红外激光染料[J]. 光电子激光, 1998(1): 30-33.

[68] Qian S X, Snow J B, Tzeng H M, et al. Lasing droplets: highlighting the liquid-air interface by laser emission[J]. Science, 1986, 231(4737): 486-488.

[69] Choi Y, Moon H, An K, et al. Ultrahigh-Q microsphere dye laser based on evanescent-wave coupling[J]. Journal of the Korean Physical Society, 2001, 39(5): 928-931.

[70] Lacey S, White I, Sun Y, et al. Versatile opto-fluidic ring resonator lasers with ultra-low threshold[J]. Optics Express, 2007, 15(23): 15523-15530.

[71] Ta V, Rui C, Han D. Self-assembled flexible microlasers[J]. Advanced Materials, 2012, 24(10): OP60-OP64.

[72] 侯智善, 徐帅, 骆杨, 等. 激光3D纳米打印温度敏感的微球激光器[J]. 物理学报, 2019, 68(19).

[73] Zhao J, Yan Y, Gao Z, et al. Full-color laser displays based on organic printed microlaser arrays[J]. Nature Communications, 2019, 10(1): 870-876.

[74] Collot L, Lefèvre-Seguin V, Brune M, et al. Very High-Q whispering-gallery mode resonances observed on fused silica microspheres[J]. Europhys Lett, 2007, 23(5): 327-334.

[75] Mallik A, Farrell G, Liu D, et al. Silica gel coated spherical micro resonator for ultra-high sensitivity detection of ammonia gas concentration in air[J]. Scientific Reports, 2018, 8(1): 1620.

[76] Ku J, Chen Q, Ma X, et al. photonic-molecule single-mode Laser[J]. Photonics Technology Letters, IEEE, 2015, 27(11): 1157-1160.

[77] Li Y, Feng L, Li F, et al. Three-dimensional anisotropic microlaser from GaN-based self-bent-up microdisk[J]. ACS Photonics, 2018, 5(11): 4259-4264.

[78] Armani D, Kippenberg T, Spillane S, et al. Ultra-high-Q toroid microcavity on a chip[J].

Nature, 2003, 421(6926): 925 – 928.

[79] Vollmer F, Arnold S, Braun D, et al. Multiplexed DNA quantification by spectroscopic shift of two microsphere cavities[J]. Biophysical Journal, 2003, 85(3): 1974 – 1979.

[80] 廖延彪. 光纤光学：原理与应用[M]. 北京：清华大学出版社, 2010.

[81] Brambilla G, Xu F, Horak P, et al. Optical fiber nanowires and microwires: fabrication and applications[J]. Advances in Optics & Photonics, 2009, 1(1): 107 – 161.

[82] Little B, Laine J, Haus H, et al. Analytic theory of coupling from tapered fibers and half-blocks into microsphere resonators[J]. Journal of Lightwave Technology, 1999, 17(4): 704 – 715.

[83] 王敏. 回音壁模式光学微腔的腔光力学性质研究[D]. 北京：清华大学, 2018.

[84] Schiller S. Asymptotic expansion of morphological resonance frequencies in Mie scattering[J]. Applied Optics, 1993, 32(12): 2181 – 2185.

[85] Knight J, Cheung G, Jacques F, et al. Phase-matched excitation of whispering-gallery-mode resonances by a fiber taper[J]. Optics Letters, 1997, 22(15): 1129 – 1131.

[86] Service F. How far can we push chemical self-assembly[J]. Science, 2005, 309(5731): 95 – 95.

[87] Yan X, Li J, Mohwald H. Self-assembly of hexagonal peptide microtubes and their optical waveguiding[J]. Advanced Materials, 2011, 23(25): 2796 – 2801.

[88] Ju Y, Kim H, Kim B, et al. Highly tunable refractive index visible-light metasurface from block copolymer self-assembly[J]. Nature Communications, 2016(7): 12911.

[89] Li J, Lin Y, Lu J, et al. Single mode ZnO whispering-gallery submicron cavity and graphene improved lasing performance[J]. ACS Nano, 2015, 9(7): 6794 – 6800.

[90] Whitesides G. Self-assembly at all scales[J]. Science, 2002, 295(5564): 2418 – 2421.

[91] Vlasov Y, Bo X, Sturm J, et al. On-chip natural assembly of silicon photonic bandgap crysta[J]. Nature, 2001, 414(6861): 289 – 293.

[92] Naqshbandi M, Canning J, Gibson B, et al. Room temperature self-assembly of mixed nanoparticles into photonic structures[J]. Nature Communications, 2012(3): 1188.

[93] Lin F, Li S H, Li Y, et al. Super-hydrophobic surfaces: from natural to artificial[J]. Advanced Materials, 2010, 14(24): 1857 – 1860.

[94] 刘丹丹. 基于 Plateau-Rayleigh 不稳定性的微液滴生成方法及应用研究[D]. 杭州：浙江大学, 2015.

[95] Aguirre C, Reguera E, Stein A. Tunable colors in opals and inverse opal photonic crystals[J]. Advanced Functional Materials, 2011, 21: 204 – 210.

[96] 金彦任, 黄振兴. 吸附与孔径分布[M]. 北京：国防工业出版社, 2015.

[97] Khlebtsov B, Khanadeev V, Khlebtsov N. Determination of the size, concentration, and refrac-

tive index of silica nanoparticles from turbidity spectra [J] . Langmuir, 2008, 24 (16): 8964 - 8970.

[98] Zheng S, Zhang H, Ross E, et al. Silica colloidal crystals for enhanced fluorescence detection in microarrays[J]. Analytical Chemistry, 2007, 79(10): 3867 - 3872.

[99] Wakita H, Nakamura Y, Kita I, et al. Hydrogen release—new indicator of fault activity[J]. Science, 1980, 210(4466): 188 - 190.

[100] Fang Z, Liu Y, Yang D, et al. Real-time hydrogen mud logging during the Wenchuan earthquake fault scientific drilling project(WFSD), holes 2 and 3 in SW China[J]. Geoscience Journal, 2018, 22(3): 453 - 464.

[101] Wang M, Yang M, Cheng J, et al. Fabry-Pérot interferometer sensor fabricated by femtosecond laser for hydrogen sensing[J]. IEEE Photonics Technology Letters, 2013, 25(8): 713 - 716.

[102] Dai J, Wen P, Wang G, et al. Improved performance of fiber optic hydrogen sensor based on WO_3-Pd_2 Pt-Pt composite film and self-referenced demodulation method[J]. Sensors & Actuators B Chemical, 2017, 249(Oct.): 210 - 216.

[103] Eryuerek M, Karadag Y, Tasaltin N, et al. Optical sensor for hydrogen gas based on a palladium-coated polymer microresonator[J]. Sensors & Actuators, 2015, 212(Jun.): 78 - 83.

[104] Coelho L, José J, Santos J, et al. Fiber optic hydrogen sensor based on an etched Bragg grating coated with palladium[J]. Appl Opt, 2015, 54(35): 10342 - 10348.

[105] Gao N, Mu Z, Li J. Palladium nanoparticles doped polymer microfiber functioned as a hydrogen probe[J]. International journal of hydrogen energy, 2019, 44(26): 14085 - 14091.

[106] Mandarino J. The Gladstone-Dale relationship. Ⅲ. Some general applications[J]. The Canadian Mineralogist, 1979(17): 71 - 76.

[107] Zürcher U. Basics of sound in air: correspondence with electromagnetic waves[J]. American Journal of Physics, 2021, 89(2): 157 - 163.

[108] Gale H. On the relation between density and index of refraction of air[J]. Physical Review, 1902, 14(1): 1 - 16.

[109] Kawahara N, Tomita E, Ohnishi K, et al. In-situ unburned gas temperature measurement in a spark ignition engine using laser interferometry[J]. Sae Technical Papers, 2005.

[110] Jung J, Han W, Rim J, et al. Hydrogen adsortion in periodic mesoporous organic- and inorganic-silica materials at room temperature[J]. Chemistry Letters, 2006, 35(1): 32 - 33.

[111] Griessen R, Strohfeldt N, Giessen H. Thermodynamics of the hybrid interaction of hydrogen with palladium nanoparticles[J]. Nature Materials, 2016, 15(3): 311 - 317.

[112] Kim Y, Boudart M. Recombination of O, N, and H—atoms on silica-kinetics and mechanism [J]. Langmuir, 1991, 7(12): 2999 - 3005.

[113] Conrad H, Ertl G, Latta E. Adsorption of hydrogen on palladium single crystal surfaces[J]. Surface Science, 1974, 41(2): 435-446.

[114] Bavili N, Balkan T, Morova B, et al. Highly sensitive optical sensor for hydrogen gas based on a polymer microcylinder ring resonator[J]. Sensors and Actuators B: Chemical, 2020, 310: 127806.

[115] Masuzawa S, Okazaki S, Maru Y, et al. Catalyst-type-an optical fiber sensor for hydrogen leakage based on fiber Bragg gratings[J]. Sensors and Actuators B: Chemical, 2015, 217(1): 151-157.

[116] Yan S, Deng D, Zhang L, et al. Fluorescence nano metal organic frameworks modulated by encapsulation for construction of versatile biosensor[J]. Talanta, 2019, 201: 96-103.

[117] Salimi-Bejestani M, Mcgarry J, Felstead S, et al. Development of an antibody-detection ELISA for Fasciola hepatica and its evaluation against a commercially available test[J]. Research in Veterinary Science, 2005, 78(2): 177-181.

[118] Sun X, Zhao X, Jian T, et al. Preparation of gold-labeled antibody probe and its use in immunochromatography assay for detection of aflatoxin B1[J]. International Journal of Food Microbiology, 2005, 99(2): 185-194.

[119] Engvall E, Perlmann P. Enzyme-linked immunosorbent assay, Elisa. 3. Quantitation of specific antibodies by enzyme-labeled anti-immunoglobulin in antigen-coated tubes[J]. Journal of Immunology, 1972, 109(1): 129.

[120] Roth J, Bendayan M, Orci L. Ultrastructural localization of intracellular antigens by the use of protein A-gold complex[J]. Journal of Histochemistry & Cytochemistry Official Journal of the Histochemistry Society, 1978, 26(12): 1074-1081.

[121] Yu X, Lv R, Ma Z, et al. An impedance array biosensor for detection of multiple antibody-antigen interactions[J]. Analyst, 2006, 131(6): 745-750.

[122] Mahon E, Aastrup T, Barboiu M. Dynamic glycovesicle systems for amplified QCM detection of carbohydrate-lectin multivalent biorecognition[J]. Chemical Communications, 2010, 46(14): 2441-2443.

[123] González-Díaz J, García-Martín A, García-Martín J, et al. Plasmonic Au/Co/Au nanosandwiches with enhanced magneto-optical activity[J]. Small, 2010, 4(2): 202-205.

[124] Shew B, Cheng Y, Tsai Y. Monolithic SU-8 micro-interferometer for biochemical detections[J]. Sensors & Actuators A Physical, 2010, 141(2): 299-306.

[125] Tajiri T, Matsumoto S, Imato T, et al. Optical characterization of the antigen-antibody thin layer using the whispering gallery mode[J]. Analytical Sciences the International Journal of the Japan Society for Analytical Chemistry, 2014, 30(8): 799-804.

[126]Pramanik A, Biswas S, Tiwary C S, et al. Forster resonance energy transfer assisted white light generation and luminescence tuning in a colloidal graphene quantum dot-dye system[J]. Journal of Colloid and Interface Science, 2020(565): 326 -336.

[127] Yamada H, Nakamura T, Yamada Y, et al. Colloidal-crystal laser using monodispersed mesoporous silica spheres[J]. Advanced Materials, 2009, 21(41): 4134 -4138.

[128]Yamashita K, Yanagi H, Oe K. Array of a dye-doped polymer-based microlaser with multiwavelength emission[J]. Optics Letters, 2011, 36(10): 1875 -1877.

[129]Lawandy N, Balachandran R, Gomes A, et al. Laser action in strongly scattering media[J]. Nature, 1994, 368(6470): 436 -438.

[130]Shibata S, Taniguchi T, Yano T, et al. Spherical dye-doped silica particles[J]. Journal of Sol-Gel Science and Technology, 1994, 2(1): 755 -759.

[131]Kubin R, Fletcher A. Fluorescence quantum yields of some rhodamine dyes[J]. Journal of Luminescence, 1982, 27(4): 455 -462.

[132]Lu Y, Penzkofer A. Absorption behaviour of methanolic rhodamine 6G solutions at high concentration [J]. Chemical Physics, 1986, 107(23): 175 -184.

[133]Folli A, Pade C, Hansen T, et al. TiO_2 photocatalysis in cementitious systems: insights into self-cleaning and depollution chemistry[J]. Cement and Concrete Research, 2012, 42(3): 539 -548.

[134]江蓓. 基于光流体系统的新型激光及生物检测研究[D]. 上海: 上海交通大学, 2018.

[135]Martínez Martínez V, López Arbeloa F, Bauelos Prieto J, et al. Characterization of rhodamine 6G aggregates intercalated in solid thin films of laponite clay. 2 Fluorescence spectroscopy[J]. Journal of Physical Chemistry B, 2005, 109(15): 7443 -7450.

[136]王玮, 李言荣. 分子二聚体的分子激子理论处理[J]. 重庆师范大学学报(自然科学版), 1992, 9(3): 34 -39.

[137]贾景斌, 孙丽华, 杨文胜. 分子激子理论及其在光谱解析中的应用[J]. 吉林林学院学报, 1990(3): 34 -42.

[138]Anedda A, Carbonaro C, Corpino R, et al. Formation of fluorescent aggregates in Rhodamine 6G doped silica glasses[J]. Journal of Non-Crystalline Solids, 2007, 353(5 -7): 481 -485.

[139]Malfatti L, Kidchob T, Aiello D, et al. Aggregation States of Rhodamine 6G in Mesostructured Silica Films[J]. J. phys. chem. c, 2008, 112(42): 16225 -16230.

[140]宋清海. 新型光学微腔激光器的构造及其方向性激光出射的研究[D]. 上海: 复旦大学, 2007.

[141]Das S, Pal M. Non-invasive monitoring of human health by exhaled breath analysis: a comprehensive review[J]. Journal of The Electrochemical Society, 2020, 167(3): 037562.

[142]高飞雪，陈拥军，刘冬生，等.“可控自组装体系及其功能化”重大研究计划取得系列重要研究成果[J]. 物理化学学报，2020，36(11)：166－172.

[143]Neophytou A，Manoharan V，Chakrabarti D. Self-assembly of patchy colloidal rods into photonic crystals robust to stacking faults[J]. ACS Nano，2021，15(2)：2668－2678.

[144]Tran A，Boott C，Maclachlan M. Understanding the self-assembly of cellulose nanocrystals：toward chiral photonic materials[J]. Advanced Materials，2020，32(41)：1905876.

[145]Song D，Zhao T，Giulia Guidetti，et al. Hierarchical Photonic Pigments via The Confined Self-Assembly of Bottlebrush Block Copolymers[J]. ACS Nano，2019，13(2)：1764－1771.

[146]Lei Q，Ni R，Ma Y. Self-Assembled Chiral Photonic Crystals from a Colloidal Helix Racemate[J]. ACS Nano，2018，12(7)：6860－6870.

[147]Jin W，Chan H，Zhong Z. Shape-anisotropy-induced ordered packings in cylindrical onfinement [J]. Physical Review Letters，2020，124(24)：248002.

[148]Cai Z，Li Z，Ravaine S，et al. From colloidal particles to photonic crystals：advances in self-assembly and their emerging applications[J]. Chemical Society Reviews，2021，50(10)：5898－5951.

[149]胡晓华，熊诗圣. 先进光刻技术：导向自组装[J]. 应用化学，2021，38(9)：1029－1078.

[150]谢洪洋，余晓畅，高麒淦，等. 自组装胶体晶体在微纳光学领域的研究进展[J]. 激光与光电子学进展，2019，56(23)：9－22.

[151]Yue Y，Ding H，Chen C. Optical hydrogen sensors based on silica self-assembled mesoporous microspheres[J]. International Journal of Hydrogen Energy，2021，46(1)：1403－1410.

[152]Yue Y，Ding H，Chen C. Label-free optical antibody testing kit based on a self-assembled whispering-gallery-mode microsphere[J]. Journal of Biophotonics，2020，14(3)：e202000338.

[153]Ding H，Yue Y，Han C，Chen S. Self-assembly three-dimensional optical devices：from microsphere to microlens Array[J]. Optics Letters，2018，43(11)：2619－2622.

[154]Ding H，Yue Y，Han C，et al. Nanoparticle self-assembled technique applied to a whispering-gallery-mode laser[J]. Optics Letters，2019，44(17)：4247－4250.

[155]Nocito F，Dibenedetto A. Atmospheric CO_2 mitigation technologies：carbon capture utilization and storage[J]. Current Opinion in Green and Sustainable Chemistry，2020，21：34－43.

[156]Muthuraj R，Mekonnen T. Carbon dioxide-derived poly(propylene carbonate) as a matrix for composites and nanocomposites：performances and applications[J]. Macromolecular Materials and Engineering，2018，303(11)：1800366.

[157]Cai T，Sun H，Qiao J，et al. Cell-free chemoenzymatic starch synthesis from carbon dioxide [J]. Science，2021，373(6562)：1523－1527.

[158]Zhou Z，Xu Y，Qiao C，et al. A novel low-cost gas sensor for CO_2 detection using polymer-coa-

ted fiber Bragg grating[J]. Sensors and Actuators B: Chemical, 2021, 332: 129482.

[159] Hromadka J, Tokay B, Correia R, et al. Carbon dioxide measurements using long period grating optical fibre sensor coated with metal organic framework HKUST-1[J]. Sensors and Actuators B: Chemical, 2018, 255: 2483-2494.

[160] Ahmed F, Ahsani V, Nazeri K, et al. Monitoring of carbon dioxide using hollow-core photonic crystal fiber mach-zehnder interferometer[J]. Sensors, 2019, 19(15): 3357.

[161] Wu J, Yin M, Seefeldt K, et al. In situ μ-printed optical fiber-tip CO_2 sensor using a photocrosslinkable poly(ionic liquid)[J]. Sensors and Actuators B: Chemical, 2018, 259: 833-839.

[162] Starecki F, Braud A, Doualan J, et al. All-optical carbon dioxide remote sensing using rare earth doped chalcogenide fibers[J]. Optics and Lasers in Engineering, 2019, 122: 328-334.

[163] Ab Rahman W, Azeman N, Kamaruddin N, et al. Label-free detection of dissolved carbon dioxide utilizing multimode tapered optical fiber coated zinc oxide nanorice[J]. IEEE Access, 2018, 7: 4538-4545.

[164] Jaworski P, Kozio P, Krzempek K, et al. Antiresonant hollow-core fiber-based dual gas sensor for detection of methane and carbon dioxide in the near-and mid-infrared regions[J]. Sensors, 2020, 20(14): 3813.

[165] Chen C, Ding H, Yue Y, et al. The self-assembly composite photonic crystal: toward easy humidity detection by a smartphone[J]. IEEE Photonics Technology Letters, 2020, 32(23): 1469-1472.

[166] Kim H, Hwang W, Liu Y, et al. Ultracompact gas sensor with metal-organic-framework-based differential fiber-optic Fabry-Perot nanocavities[J]. Optics Express, 2020, 28(20): 29937-29947.

[167] Zhou X, Yan Y, Fang W, et al. Short-term seismic precursor anomalies of hydrogen concentration in Luojishan hot spring bubbling gas, Eastern Tibetan Plateau[J]. Frontiers in Earth Science, 2021, 8: 586279.

[168] Kondalkar V, Park J, Lee K. MEMS hydrogen gas sensor for in-situ monitoring of hydrogen gas in transformer oil[J]. Sensors and Actuators B: Chemical, 2021, 326: 128989.

[169] Jia C, Zhao L, Huang G, et al. A review of hydrogen sensors for ECLSS: fundamentals, recent advances, and challenges[J]. Applied Sciences, 2023, 13(12): 6869.

[170] Nguyen T, Park J, Kim W, et al. Environment hydrogen embrittlement of pipeline steel X70 under various gas mixture conditions with in situ small punch tests[J]. Materials Science and Engineering: A, 2020, 781: 139114.

[171] Zheng Y, Tan Y, Zhou C, et al. A review on effect of hydrogen on rubber seals used in the high-pressure hydrogen infrastructure[J]. International Journal of Hydrogen Energy, 2020, 45

(43): 23721 - 23738.

[172] Koo W, Cho H, Kim D, et al. Chemiresistive hydrogen sensors: fundamentals, recent advances, and challenges[J]. ACS Nano, 2020, 14(11): 14284 - 14322.

[173] Wang G, Dai J, Yang M. Fiber-optic hydrogen sensors: a review[J]. IEEE Sensors Journal, 2020, 21(11): 12706 - 12718.

[174] Shen C, Xie Z, Huang Z, et al. Review of the status and prospects of fiber optic hydrogen sensing technology[J]. Chemosensors, 2023, 11(9): 473.

[175] Buchfellner F, Bian Q, Hu W, et al. Temperature-decoupled hydrogen sensing with Pi-shifted fiber Bragg gratings and a partial palladium coating[J]. Optics Letters, 2022, 48(1): 73 - 76.

[176] Du B, He J, Yang M, et al. Highly sensitive hydrogen sensor based on an in-fiber Mach-Zehnder interferometer with polymer infiltration and Pt-loaded WO_3 coating[J]. Optics Express, 2021, 29(3): 4147 - 4158.

[177] Cai S, Liu F, Wang R, et al. Narrow bandwidth fiber-optic spectral combs for renewable hydrogen detection[J]. Science China Information Sciences, 2020, 63: 1 - 9.

[178] Liao C, Xiong C, Zhao J, et al. Design and realization of 3D printed fiber-tip microcantilever probes applied to hydrogen sensing[J]. Light: Advanced Manufacturing, 2022, 3(1): 3 - 13.

[179] Shen C, Huang Z, Chen X, et al. Reflective-type high sensitivity optical fiber hydrogen sensor based on enlarged taper cascaded with tilted fiber grating[J]. Journal of Lightwave Technology, 2022, 40(18): 6296 - 6302.

[180] Dyck A, Bhlke T, Pundt A, et al. Phase transformation in the palladium hydrogen system: Effects of boundary conditions on phase stabilities[J]. Scripta Materialia, 2024, 247: 116117.

[181] Darafsheh A. Photonic nanojets and their applications[J]. Journal of Physics: Photonics, 2021, 3(2): 022001.

[182] Darafsheh A. Microsphere-assisted microscopy[J]. Journal of Applied Physics, 2022, 131(3).

[183] Jacassi A, Tantussi F, Dipalo M, et al. Scanning probe photonic nanojet lithography[J]. ACS applied materials & interfaces, 2017, 9(37): 32386 - 32393.

[184] Gašparić V, Ristić D, Gebavi H, et al. Resolution and signal enhancement of Raman mapping by photonic nanojet of a microsphere[J]. Applied surface science, 2021, 545: 149036.

[185] Zihan Y, Sylvain L. Whispering gallery mode resonance contribution in photonic nanojet simulation[J]. Optics Express, 2021, 29(24): 39249 - 39255.

[186] Li Y, Xin H, Lei H, et al. Manipulation and detection of single nanoparticles and biomolecules by a photonic nanojet[J]. Light: Science & Applications, 2016, 5(12): 16176.

[187] Darafsheh A, Fardad A, Fried N M, et al. Contact focusing multimodal microprobes for ultra-precise laser tissue surgery[J]. Optics Express, 2011, 19(4): 3440 - 3448.

[188] Kong S, Sahakian A, Taflove A, et al. Photonic nanojet-enabled optical data storage[J]. Optics express, 2008, 16(18): 13713 - 13719.

[189] Horiuchi N. Photonic Nanojets[J]. Nature Photonics, 2012, 6(3): 138 - 139.

[190] Chen Z, Taflove A, Backman V. Photonic nanojet enhancement of backscattering of light by nanoparticles: a potential novel visible-light ultramicroscopy technique[J]. Optics express, 2004, 12(7): 1214 - 1220.

[191] Zhang W, Lei H. Fluorescence enhancement based on cooperative effects of a photonic nanojet and plasmon resonance[J]. Nanoscale, 2020, 12(12): 6596 - 6602.

[192] Wen Y, Wang F, Yua H, et al. Laser-nanomachining by microsphere induced photonic nanojet [J]. Sensors and Actuators A: Physical, 2017, 258: 115 - 122.

[193] Wen Y, Yu H, Zhao W, et al. Photonic nanojet sub-diffraction nano-fabrication with in situ Super-resolution imaging[J]. IEEE Transactions on Nanotechnology, 2019, 18: 226 - 233.

[194] 张诚，林剑．新型光子纳米射流器件的设计[J]. 光学仪器，2021，43(5)：25 - 32.

[195] 宋扬．基于一体化微球物镜的超分辨成像系统设计[D]. 上海：上海大学，2020.

[196] Zhang P, Yan B, Gu G, et al. Localized photonic nanojet based sensing platform for highly efficient signal amplification and quantitative biosensing[J]. Sensors and Actuators B: Chemical, 2022, 357: 131401.

[197] Luk'yanchuk B, Paniagua-Domínguez R, Minin I, et al. Refractive index less than two: photonic nanojets yesterday, today and tomorrow[J]. Optical Materials Express, 2017, 7(6): 1820 - 1847.

[198] Heifetz A, Kong S, Sahakian A, et al. Photonic nanojets[J]. Journal of computational and theoretical nanoscience, 2009, 6(9): 1979 - 1992.

[199] Geints Y, Zemlyanov A, Minin O, et al. Systematic study and comparison of photonic nanojets produced by dielectric microparticles in 2D- and 3D-spatial configurations[J]. Journal of Optics, 2018, 20(6): 065606.

[200] Lin C, Huang Z, Liu C. Formation of high-quality photonic nanojets by decorating spider silk[J]. Optics Letters, 2019, 44(3): 667 - 670.

[201] Gu G, Zhou R, Chen Z, et al. Super-long photonic nanojet generated from liquid-filled hollow microcylinder[J]. Optics Letters, 2015, 40(4): 625 - 628.

[202] Zhen Z, Huang Y, Feng Y, et al. An ultranarrow photonic nanojet formed by an engineered two-layer microcylinder of high refractive-index materials[J]. Optics Express, 2019, 27(6): 9178 - 9188.

[203] Huang Y, Zhen Z, Shen Y, et al. Optimization of photonic nanojets generated by multilayer microcylinders with a genetic algorithm[J]. Optics express, 2019, 27(2): 1310 - 1325.

[204] Mandal A, Dantham V. Short and elongated photonic nanojets emerged from single solid hollow core-shell microparticles illuminated by focused Gaussian beams and plane wave[J]. Journal of Quantitative Spectroscopy and Radiative Transfer, 2020, 257: 107350.

[205] Darafsheh A, Bollinger D. Systematic study of the characteristics of the photonic nanojets formed by dielectric microcylinders[J]. Optics Communications, 2017, 402: 270-275.

[206] Aouani H, Deiss F, Wenger J, et al. Optical-fiber-microsphere for remote fluorescence correlation spectroscopy[J]. Optics express, 2009, 17(21): 19085-19092.